TEMPEL,
BURGEN,
GLASPALÄSTE

Peter Blenke • Thomas Wieke

TEMPEL, BURGEN, GLASPALÄSTE

Geschichte und Geschichten
rund um das Gebäude

JUNGSVERLAG

Inhalt

Zu diesem Buch

Liebe Leserinnen und Leser,

seit mehr als 100 Jahren bietet die Wackler Group Dienstleistungen rund um das Gebäude an. Mit Freude und Stolz können wir sagen, dass wir seitdem ein Stück Geschichte unserer Branche mitgeschrieben haben – Anlass genug, auch einmal etwas tiefer in den Brunnen der Vergangenheit zu blicken und nach den Quellen zu fragen, aus denen sich jenes ganzheitliche Konzept speist, das man heute Facility Management nennt.

Am 12. Juni 1909 gründete mein Großvater Friedrich Wackler in München einen Fensterreinigungsbetrieb. Damit sorgte er nicht nur für Durchblick, sondern bewies auch geschäftlichen Weitblick: Die vielen neuen Geschäfte und Kaufhäuser, die seit der Jahrhundertwende entstanden waren, benötigten für ihre großen Glasfronten einen Dienstleister, der ihnen im ursprünglichsten Wortsinn Glanz verlieh. Besonders stolz bin ich darauf, dass sich unser Unternehmen über mehrere Generationen in Familienhand befindet. Nach mehr als 100 Jahren und nach dem Zusammenschluss traditionsreicher Dienstleistungsbetriebe zur Wackler Group sieht sich unser Unternehmen für die Herausforderungen der Zukunft gerüstet. Der Familiengedanke kehrt damit zugleich auf einer höheren Ebene wieder, gehören doch alle ehemaligen Einzelunternehmen jetzt sichtbar zur Familie.

Die modernen Gebäude sehen heute anders aus als die Bauten von 1900. Moderne Gebäude erfordern moderne Dienstleistungskonzepte, die ihnen gerecht werden. Der Grundgedanke, der die Firmengründung einst inspirierte, gilt noch immer: Wo viele Menschen zusammenkommen, entsteht auch Schmutz – und Sauberkeit herzustellen ist die vielleicht älteste und elementarste Gebäudedienstleistung. Doch heute benötigen die Gebäude mehr: nicht nur Sauberkeit nach höchsten Umweltstandards, sondern auch Sicherheitsdienste, technische, kaufmännische und infrastrukturelle Gebäudedienstleistungen und Personal-Services.

Lassen Sie sich von diesem Buch durch die Geschichte der Dienstleistungen rund um das Gebäude führen und entdecken Sie die historischen Zusammenhänge, aus denen sich der ganzheitliche Ansatz des heutigen Facility Managements ergibt. Oft kann ein Blick in die Geschichte besser als alles andere für die Aufgaben der Gegenwart und Zukunft motivieren.

In diesem Sinne: Viel Spaß beim Lesen!

Ihr Friedrich P. Wackler

Facility Management: Wie Menschen mit Gebäuden umgehen

Wann mag wohl der erste Steinzeitmensch damit begonnen haben, seine Höhle mit einem Bund Reisig von Knochenresten und Ungeziefer zu reinigen? Vielleicht saß irgendwann in der Altsteinzeit vor 30.000 Jahren ein Mammutjäger in seiner Höhle und fand seinen Speer nicht mehr. „Was für ein Saustall hier!" – das wird er vielleicht empfunden, aber wohl nicht ausgerufen haben, denn so komplexe Begriffe waren ihm noch fremd. Aber er wird sich vermutlich nicht wohl gefühlt haben. Dieses Unwohlsein ist ein leiser, aber unwiderstehlich treibender Motor des menschlichen Fortschritts. Und anstatt die paar tausend Jahre bis zur Erfindung des Facility Managements abzuwarten, fing er an, aufzuräumen und sich seine Höhle zweckmäßig einzurichten.

Was für eine Wirtschaft

Nehmen wir einmal an, wieder ein paar tausend Jahre später schaute sich ein anderer Steinzeitjäger in seiner – immerhin aufgeräumten – Höhle um und fand sie unbehaglich. Wenn dieser Jäger vor etwa 16.000 Jahren in Nordspanien lebte, hat er zu Holzkohle, Rötel und Manganerde gegriffen und die Höhlenwände mit Tierdarstellungen verziert. Damit machte er deutlich, dass dieser Ort für ihn mehr war als eine beliebige Höhle: Über 5000 Jahre lang nutzten – um nicht zu sagen bewirtschafteten – die steinzeitlichen Jäger und Sammler die Höhle von Altamira als Wohnort und Kultstätte.

Der berühmte Büffel in der Höhle von Altamira, Spanien, die zwischen 16.000 und 11.000 v. Chr. genutzt wurde – gewiss eine der eindrucksvollsten künstlerischen Ausgestaltungen einer steinzeitlichen Höhle.

Gebäude errichteten die Menschen der Altsteinzeit zwar noch nicht, aber sie organisierten ihre Lagerplätze nach ihren Bedürfnissen. Sie sonderten ihre Schlafplätze von den Abfallplätzen. Sie platzierten die Feuerstelle so, dass den Flammen Sauerstoff zugeführt wurde und der Rauch abziehen konnte. An bestimmten Plätzen arbeiteten sie, an anderen bereiteten sie ihre Nahrung zu. Wo sie geeignete Höhlen fanden, suchten sie dauerhaft Unterschlupf. Sie vertrieben die Höhlenbären. Sie schufen sich Werkzeuge und Waffen. Sie verstanden sich einzurichten.

Damals und heute

Der technische Fortschritt hat das Leben unserer Zivilisation in den letzten 150 Jahren umgewälzt. Wir leben heute mit Technologien, die sich der Schriftsteller Jules Verne (1828–1905) in seiner kühnsten Fantasie nicht ausdenken konnte.

Aber außer Computern, Internet, Mobiltelefonen, GPS und Hochgeschwindigkeitszügen gibt es Dinge, die wir brauchen wie vor 30.000 Jahren: Wärme, Luft, Licht, Wasser, Nahrung, Sauberkeit, Sicherheit – man könnte diese Dinge als Konstanten der menschlichen Natur ansehen. Ohne sie kann der Mensch nicht existieren – ganz gleich, ob in einer vorzeitlichen Höhle, in der römischen Stadt, auf der mittelalterlichen Burg, im Adelspalast, in der bürgerlichen Wohnung des 19. oder im Bürogebäude des 21. Jahrhunderts. Der Mensch will es warm haben, wenn es draußen kalt ist. Und er will frische Luft in seiner Behausung – zwei Aufgaben, die einander früher häufig ausschlossen. Der Mensch will drinnen sicher sein, wenn draußen Gefahren drohen. Der Mensch braucht Licht, wenn es in seiner Behausung zu dunkel ist, und er braucht Wasser – zum Trinken, Kochen, Waschen, zur Körperpflege. Er braucht Nahrung. Und er muss die Abfälle, die sein Tun hinterlässt, und auch die, welche er selber produziert, wieder loswerden. Denn er hat es gern sauber um sich herum. Im Grunde läuft seit Jahrtausenden alles auf die Prinzipien kontinuierlicher Ver- und Entsorgung in einer möglichst sicheren Behausung hinaus.

Aber in der Literatur, auch in der Fachliteratur, scheint man sich dafür nicht sonderlich zu interessieren. So widmet sich zwar die Architekturgeschichtsschreibung oft der Säulenordnung antiker Tempel, aber selten der Belüftung oder der Wasserversorgung. Man findet in allen Beschreibungen barocker Schlösser und Gärten nur selten eine Information darüber, wie man ein Schloss im 17. Jahrhundert abends beleuchtete, wer die Kerzen herbeischaffte und wo die Leuchtmittel lagerten. Auch Theodor Fontane, der im 19. Jahrhundert zahlreiche märkische Schlösser und Adelssitze besichtigte, schildert historische Ereignisse rund um die Herrenhäuser und deren einstige Bewohner ausgiebig, fragt aber nur selten, wie die alten Gemäuer denn eigentlich beheizt wurden und wer das Brennmaterial dafür heranschaffte. Bis ins 20. Jahrhundert hinein beschäftigte man sich, wenn man Gebäude beschrieb, nahezu ausschließlich mit dem Bau, der Architektur, mit Stil und Dekoration usw. Die Fragen der Nutzung und des Betriebs eines Gebäudes, der Werterhaltung, der Sanierung, gegebenenfalls des Abrisses wurden fast nie berührt, jedenfalls nicht thematisiert. Es scheint so, als habe man sich um den Zustand, die Wartung und Werterhaltung der Gebäude nicht allzu viele Gedanken gemacht. Betrachtet man niederländische Gemälde des 17. Jahrhunderts, die den

Die cloaca maxima war eine der fortschrittlichsten kommunalhygienischen Einrichtungen ihrer Zeit und löste viele Entsorgungsprobleme im antiken Rom. Heutiger Zustand einer Austrittsöffnung des antiken Abwasserkanals am Palatin.

Alltag dieser Epoche (und damit auch oft die Bausubstanz wohlhabender Kaufmannsstädte der Niederlande) zeigen, könnte man resümieren: Besonders gepflegt sahen die Gebäude nicht aus.

Man ist also auf verdeckte Zeugnisse angewiesen: Schilderungen, die den Weg nicht in die „offizielle" Literatur geschafft haben, private Briefe und Tagebuchaufzeichnungen etwa. Man muss die Nutzungsgeschichte aus den wechselnden Besitz- und Eigentumsverhältnissen rekonstruieren. Manchmal können Bilder anstelle der Schriften sprechen. Sachzeugnisse und historische Hinterlassenschaften legen – manchmal nur mittelbare – Schlüsse nahe: Sie sind Indizienbeweise dafür, wie die Menschen schon vor Hunderten, ja Tausenden von Jahren mit Problemen zu kämpfen hatten, die wir heutzutage mit den Möglichkeiten des computer-aided facility managements (CAFM) angehen.

Ansicht eines Hauses in Delft im „goldenen Zeitalter" der Niederlande auf einem Gemälde Jan Vermeers (1632–1675). Der Zustand der Gebäude selbst in reichen Kaufmannsstädten ließ nicht darauf schließen, dass man der Werterhaltung sehr viel Aufmerksamkeit schenkte.

Facility Management: Viele Quellen werden zu einem Strom

„Facility Management" – viele gehen anscheinend selbstverständlich mit diesem Begriff um. Aber: Verschiedene Menschen verstehen darunter nicht das Gleiche. Auch wenn der Begriff in einer eigenen DIN normiert ist: Die Wirklichkeit hält sich nicht so brav an die Normen, wie Normierer es sich wünschen.

Ist Facility Management etwas grundsätzlich Neues oder handelt es sich nur um eine modische Bezeichnung für etwas Altbekanntes? Facility Management bezeichnet die Verwaltung und Bewirtschaftung von Gebäuden, Anlagen und Einrichtungen *(engl.: facilities).*

Nüchtern betrachtet sind die Arbeitsfelder, die man heute als Kernaufgaben des Facility Managements ansieht, nicht wirklich neu. Kritiker meinten daher noch bis vor wenigen Jahren, Facility Management sei ein Etikettenschwindel, Gebäude und Infrastrukturen würden schließlich schon seit Beginn der Industrialisierung im 19. Jahrhundert verwaltet; der Begriff sei bloß ein neuer Name für eine alte Aufgabe.

Aber stimmt das? Geht es wirklich nur um den Begriff? Natürlich nicht. Es geht vielmehr um das Management-Konzept, das dahinter steht. Es geht um die neuen Organisationsformen, mit denen auch die alten, gewissermaßen klassischen Aufgaben gelöst werden. Es geht um Ganzheitlichkeit und Nachhaltigkeit, mit denen die Lebenszyklen von Gebäuden geplant, gestaltet und bewertet werden.

Unbestreitbar haben neue Technologien, neue Produktions- und Kommunikationsweisen auch Anforderungen an das Facility Management gestellt. Unbestreitbar fordert der globale wirtschaftliche Wettbewerb jedes Unternehmen dazu heraus, über den Einsatz des Kapitals, das in Immobilienbesitz gebunden ist, neu nachzudenken. Ebenso unbestreitbar beschäftigt sich das Facility Management mit Themen, die seit Jahrtausenden auf der Tagesordnung stehen. Diese klassischen Themen muss man ebenso untersuchen wie die aktuellen Herausforderungen, wenn man wissen will, woraus sich die Aufgaben für das Facility Management ableiten. Und man wird anhand historischer Parallelen erkennen, dass moderne Management-Methoden sich über sehr lange Zeiträume herausgebildet haben.

So wird dieser kleine historische Streifzug kein Facility Management finden, wo es noch keines gab, aber er wird das eine oder andere Bruchstück der Fundamente freilegen, auf denen das Facility Management heute aufbaut.

Paulinzella in Thüringen gehört zu den bedeutendsten Bauwerken der Romanik in Deutschland. Wie ein gestrandetes Schiff liegt die Ruine der Klosterbasilika vor dem Wald. Am Ende seines Lebenszyklus diente das Gebäude im 17. und 18. Jahrhundert nur mehr als Steinbruch.

Götter, Tempel und Paläste. Gebäudewirtschaft im Altertum

Es begann vor zweieinhalb Millionen Jahren. Bereits die Menschen der Altsteinzeit arbeiteten sich langsam aber stetig aus der Natur heraus und begannen, ihre eigene Umwelt zu formen. Mit den ersten Bauten, die sie errichteten, griffen sie nur wenig in die natürliche Umgebung ein. Sie nutzten vorhandene geologische Gegebenheiten wie Höhlen und Felsüberhänge, die Schutz vor Witterung, aber auch vor Angriffen gefährlicher Tiere oder konkurrierender Menschengruppen boten. Sie errichteten erste einfache Ständerbauten, die mit Tierhäuten bespannt oder mit pflanzlichem Material gedeckt waren.

Vorgeschichtliche Bauten

Von entscheidender Bedeutung war schon damals die Anlage einer Feuerstelle. Das Feuer diente in erster Linie der Nahrungszubereitung, aber – gerade in Regionen mit kühler Witterung – auch dem Heizen der Unterkunft, als Wärmequelle. Aber schon relativ früh lernten die Menschen mithilfe des Feuers auch die Materialeigenschaften ihrer Werkzeuge und Alltagsgegenstände besser verstehen, entdeckten physikalische und chemische Veränderungen, die das Feuer bewirkte, und schufen sich damit selbst die ersten Werkstoffe, die in der Natur nicht vorkamen: Keramik und Metalllegierungen, vor allem Bronze.

In der Altsteinzeit

Bis es so weit war, bedienten sich die Menschen ihrer Stein- und Knochenwerkzeuge. So bildete der Faustkeil (Bild S. 13) in unterschiedlichen Größen und Formen während der Altsteinzeit das Universalwerkzeug schlechthin, gewissermaßen das Schweizermesser unserer jagenden und sammelnden Vorfahren. Die Menschen der Altsteinzeit waren noch nicht sesshaft. So wie sie *zwischen* ihren Streifzügen immer wieder zu besonders geeigneten Plätzen – Höhlen und schützenden Felswänden – zurückkehrten, so mussten *während* der Streifzüge ihre Behausungen leicht aufzuschlagen und wieder abzubauen sein. Zunächst mussten die Menschen die Fragen des steinzeitlichen Flächenmanagements beherrschen lernen. Und wie archäologische Funde belegen, bewältigten sie das auf bewundernswerte Weise. Die Aufgabe scheint, gemessen an heutigen Maßstäben, einfach. Doch sie musste

Rekonstruktion einer altsteinzeitlichen Behausung, die bei Terra Amata in der Nähe von Nizza ausgegraben wurde. Die Hütten von Terra Amata entstanden vor 400.000 Jahren. Sie hatten einen annähernd ovalen Grundriss und Maße von 4 mal 6 bis 8 mal 15 Meter.

irgendwann zum ersten Mal gelöst werden, denn irgendwann stellte sich zum ersten Mal das Problem des Lebens und Arbeitens im umbauten Raum.

So fanden Archäologen heraus, dass um die Feuerstelle herum Arbeitsplätze angeordnet waren, während sich die Schlafplätze im hinteren Teil der Hütte befanden. Das folgt auch einer gewissen praktischen Logik, denn so brauchte die Zufuhr – beispielsweise von Brennmaterial oder von erjagtem Wild – nicht über die Schlafplätze hinweg zu erfolgen und der offene Zugang zur Hütte erlaubte das Arbeiten bei besseren Lichtverhältnissen, als sie im hinteren Teil der Behausung herrschten.

Das Gleiche galt für die Entsorgung von Asche und Abfällen. Ihr Abtransport verunreinigte nicht die Schlafplätze, wenn Feuer- und Arbeitsstellen weit vorn am Hütteneingang platziert waren. Die Archäologen sind heute glücklich, dass unseren Altvorderen die Entsorgung nicht allzu perfekt gelungen ist, denn wären sie Meister in der Unterhaltsreinigung gewesen, gäbe es heute weniger aufzufinden. So aber können heute Wissenschaftler aus der Lage und der Beschaffenheit der Abfälle schlussfolgern, wie die Wohnstätten der Altsteinzeit ausgesehen haben.

Faustkeile waren vor 2,5 Mio. Jahren die ersten von Menschen gemachten Werkzeuge. Sie konnten zwischen 30 und 40 cm groß sein, wenn sie für schwere und grobe Arbeiten taugen sollten.

Rekonstruktion eines Hauses der Jungsteinzeit im Pfahlbaumuseum Unteruhldingen am Bodensee. Es ist eines der frühesten Beispiele der experimentellen Archäologie. Schon 1922 errichtete man dieses Haus in der Art, wie man vor 6000 Jahren baute, und bewies damit die Langlebigkeit solcher Bauten. Zum Zeitpunkt der Aufnahme vor wenigen Jahren diente das Gebäude als Lagerraum für Schilfmaterial.

Fortschritt in der Jungsteinzeit

Grundsätzlich andere Wohnverhältnisse findet man in der Jungsteinzeit. Sie begann vor ungefähr 12.000 Jahren. Was war neu? Ansiedlungen und Behausungen entstanden nun nicht mehr einfach in der vorgefundenen Natur, sondern die Umgebung selbst wurde durch planvolles Handeln verändert. Werkzeuge und Baumaterial wurden nicht mehr unmittelbar der Natur entnommen, sondern zweckgerichtet hergestellt. Manchmal wird dieser Wandel einer *Revolution* gleichgesetzt, aber die Veränderungen traten natürlich nicht schlagartig ein, immerhin nahm der Fortschritt einige Tausend Jahre in Anspruch. Dennoch ging es deutlich voran mit Wohnkultur und Lebensweise. Die Tierhaltung ersetzte allmählich das Jagen, der Pflanzenbau das Sammeln. Der Mensch war nicht mehr allein darauf angewiesen, auf gut Glück in der Wildnis Beute zu machen, sondern kam in die Lage, sich die Grundlagen seiner Existenz selbst zu schaffen. Er wurde zum produzierenden Wesen. Die Kultivierung des Getreides schuf eine breitere Basis der Nahrungsmittelversorgung. Ackerbau verlangte Sesshaftigkeit, aber ermöglichte sie auch erst.

Der neue Lebensstil bedurfte naturgemäß auch einer anderen Bauweise und machte die Vorratshaltung erforderlich. Um Vorräte zu schaffen, musste mehr produziert werden, als für den unmittelbaren Verbrauch nötig war. Das wiederum setzte die Mechanismen des Austausches in Gang, aber auch die Möglichkeiten des Besitzes am Mehrprodukt. Spezialisiertes Handeln entwickelte sich. Der Eigentumsbegriff entstand. Dinge und soziale Beziehungen bekamen Dauer. Wissen, sollte es auf Dauer nützlich sein, musste generationenübergreifend weitergegeben werden.

So waren auch die Gebäude, welche die Menschen der Jungsteinzeit errichteten, auf Dauer angelegt. Das vorherrschende Baumaterial war Holz. Bauten dieser Art konnten sehr langlebig sein – mindestens 25 Jahre, schätzen Archäologen, und oft noch länger – und durchaus mehr als einer Generation als Unterkunft dienen. Das setzte voraus, dass man den Bauten eine gewisse Pflege angedeihen ließ und nicht kriegerische Ereignisse zu vorzeitiger Zerstörung führten. Zum ersten Mal machten die Menschen die Erfahrung, dass auch Gebäude einen eigenen Lebenszyklus haben. War dieser Lebenszyklus durchlaufen, wurde der morsche Holzbau abgerissen und an gleicher Stelle – meist unter Verwertung alles Brauchbaren – ein neues Haus errichtet.

Mit der Kultur der Bandkeramiker – der Name leitet sich aus der Verzierung der Tongefäße mit einem charakteristischen Bandmuster aus runden und eckigen Linien ab –, die sich vor etwa 7500 Jahren über weite Teile Mittel- und Osteuropas auszubreiten begann, tritt auch ein völlig neuer Haustyp auf – das Langhaus. Langhäuser waren als Ein- oder als Mehrfamilienhäuser verbreitet und sie vereinigten mehrere Nutzungsfunktionen miteinander. Sie hatten meistens eine zentrale Feuerstelle. Im vorderen Teil am Eingang – Archäologen gehen davon aus, dass die jungsteinzeitlichen Langhäuser fensterlos waren – befanden sich Arbeitsplätze, die einfallendes Tageslicht nutzten, im hinteren Teil, also auch hinter der Feuerstelle, lagen die Schlaf- und Lagerräume.

Zerbrochener und wieder geklebter Topf aus der Zeit der Linearbandkeramik um 5500 v. Chr. Gegenstände dieser Art waren so wertvoll, dass man sie reparierte, anstatt sie wegzuwerfen.

Beim Errichten des Hauses mussten die Erbauer also schon relativ detaillierte planerische Vorstellungen vor Augen haben, besonders wenn es sich um Mehrfamilienhäuser handelte. Den einzelnen, meist miteinander verwandten Familien wurden jeweils bestimmte Segmente des Langhauses zugewiesen. Spätere Erweiterungen des Gebäudes waren nur an seinen beiden Enden möglich; eine Aufstockung war ausgeschlossen. Waren in einem Langhaus beispielsweise Wohn-, Lager- und Arbeitsräume mit Stallungen kombiniert, so musste unter Umständen das Nutzungskonzept komplett überarbeitet werden, wenn sich eine spätere Erweiterung erforderlich machte. Immer wieder stößt man heute bei Bauarbeiten auf Spuren jungsteinzeitlicher Siedlungen. Oft sind die Archäologen von deren Größe überrascht, wie im Sommer 2010 bei Bad Staffelstein in Oberfranken, als bei Bauarbeiten an der ICE-Strecke eine fünf Hektar große Siedlung mit den Überresten von 18 Langhäusern entdeckt wurde.

Alle Bauten der Jungsteinzeit hatten zwei Gemeinsamkeiten: Sie waren auf eine lange Nutzungsdauer ausgelegt und sie standen nicht für sich allein. Siedlungen wurden planvoll angelegt und damit zugleich soziale Verknüpfungen baulich ausgeformt. Schon das kleinste jungsteinzeitliche Dorf brauchte bestimmte „Facilities", um seine gemeinschaftsbildende Funktion zu erfüllen. Da mussten Wege angelegt werden, um Verbindungen zwischen den Gebäuden zu schaffen. Im Sumpfland und im Uferbereich der Seen gehörten hölzerne Stege dazu, die einzelne Pfahlbauten eines Dorfes miteinander verbanden. Einfriedungen und Palisaden zum Schutz gegen Angreifer, Gemeinschaftseinrichtungen wie Bootsstege oder Waschplätze mussten nicht nur gebaut, sondern auch in Betrieb gehalten werden. Unbekannt ist heute, wie stark die Spezialisierung, die Teilung der Arbeit und der Verantwortung damals bereits waren. Mit einiger Sicherheit kann man aber sagen, dass die Rolle der Frau in den frühen Ackerbaukulturen dominierend war, dass Frauen der Hauptanteil der Organisation des Familienlebens, der Arbeitsplanung und der Hauswirtschaft oblag. In den frühen Kulturen kommt das – sofern wir davon wissen – in der Verehrung weiblicher Gottheiten zum Ausdruck.

Am Göbekli Tepe fand man die Reste des ältesten derzeit bekannten Steinbaus, der als Kultstätte diente. Hier hinterließen Menschen Zeugnisse ihrer Steinmetzkunst, noch ehe sie sesshaft wurden. An den T-förmigen Steinpfeilern fallen fein gearbeitete Tierdarstellungen auf.

Erste Steinbauten – große Kultanlagen

Im Südosten der heutigen Türkei, nahe der Grenze zu Syrien, errichtete man vor 11.500 Jahren ein Bergheiligtum, das als *Göbekli Tepe* bekannt geworden ist. Die Fundstätte gilt als die älteste bislang bekannte Tempelanlage der Menschheit. Zum ersten Mal tauchen hier Gebäudefragmente auf, die zu einer zentralen Kultstätte gehörten.

Bemerkenswert ist daran dreierlei: Offenbar waren Menschen schon, bevor sie sesshaft wurden, technisch in der Lage, groß dimensionierte Kultanlagen zu errichten; sie waren ferner – auch ohne dass es eine zugehörige Stadt oder Großsiedlung gab – sozial so gut organisiert, dass es ihnen möglich war, spezialisierte Arbeiter für anspruchsvolle Steinmetzarbeiten abzustellen; und schließlich waren die Erbauer ziemlich ausdauernd, denn das Heiligtum, das aus einer großen

Ansammlung einzelner Rundtempel besteht, entstand über einen längeren Zeitraum hinweg.

Gab es bereits eine Priesterschaft, die sich ständig um die Heiligtümer kümmerte? Kamen die „Wildbeuter", die Gemeinschaft der Jäger und Sammler, regelmäßig auf ihren Streifzügen hierher? Oder bildeten die Heiligtümer eine Art gemeinsames, spirituelles Lebenszentrum mehrerer halbnomadisch lebender Gruppen? Gab es Spezialisten, die sich ausschließlich um die Pflege und den angemessenen Zustand der Anlagen kümmerten? Endgültige Antworten kennen wir noch nicht. Sicher ist aber, dass der Platz über Jahrtausende hinweg genutzt und baulich verändert worden ist und dass sich immer wieder Menschen nicht nur um den Bau, sondern um die Erhaltung des Heiligtums gekümmert haben. Dass hier etwas entstanden war, das über den individuellen Lebenshorizont des Einzelnen hinausging, muss seinerzeit eine ganz neue spirituelle Erfahrung gewesen sein. Wir dürfen heute daraus schließen, dass man dem Gebauten hier mit besonderer Hochachtung begegnete.

Wie baute man die ersten Großstädte?

Das Ischtar-Tor von Babylon aus der Zeit Nebukadnezars II. (605–562 v. Chr.) muss jeden Besucher stark beeindruckt haben, der diese bedeutende Großstadt des Altertums betrat.

Mit einer Großstadt des Altertums verhielt es sich nicht anders als heute mit einem beliebigen Wohngebäude, Geschäftshaus oder Gesellschaftsbau. Es reichte nicht, sie einfach nur zu errichten, man musste sie auch betreiben können, das heißt das Leben so organisieren, dass eine Stadt ihre städtischen Funktionen auch wahrnehmen konnte. Eine Stadt lebt. Sie ist der ganzheitliche Lösungsansatz für die Probleme der Menschen. Hier muss ständig repariert, modernisiert und umgebaut werden – an Privathäusern ebenso wie an öffentlichen Anlagen wie der Wasserversorgung und der Abwasserableitung. Hier wird geplant, verworfen und umgeplant. Hier muss die städtische Infrastruktur aufrecht erhalten werden, Straßen und Wege, Handelsplätze und Anlegestellen müssen sich dem Verkehr öffnen; gleichzeitig soll die Stadt erhöhte Sicherheit gegen angreifende Feinde bieten. Die vorhandene Fläche der Stadt soll möglichst effektiv genutzt werden. Arbeit und Wohnen, Sicherheit und Vergnügen kommen an einem Ort zusammen. Produkte müssen gelagert und umgeschlagen werden. Und all das muss man verwalten und überwachen. Dazu braucht man Menschen und Mittel, die von Steuern und Abgaben unterhalten werden. Das wiederum erfordert einen neuen Berufsstand – den des Schreibers. Was Wunder, dass die sumerische Hochkultur des Zweistromlandes zwischen Euphrat und Tigris seit 4000 v. Chr. nicht nur die ersten Städte gründete, sondern auch die erste Schrift entwickelte. Dass Schreiben zu einer elementaren Kulturtechnik wurde, verdanken wir der altorientalischen Bürokratie. Die Verwaltung von Eigentum, der Handelsverkehr und die Rechtsprechung verlangten nach schriftlicher Dokumentation.

Das heutige Gebäudemanagement ist Bestandteil des Facility Managements – und zwar der Bestandteil, der alle Leistungen während der Nutzungsphase eines

Die Hammurapi-Stele (ca. 1750 v. Chr.), eine der ältesten Gesetzessammlungen der Menschheit, enthält detaillierte Vorschriften zur Haftung bei Baumängeln.

Gebäudes umfasst. Gewöhnlich gliedert man es in technisches, infrastrukturelles, kaufmännisches Gebäudemanagement und ergänzt es gegebenenfalls um das Flächenmanagement. Der Blick in die Geschichte zeigt, dass bereits die Städte des Altertums wesentliche Elemente dessen ausbildeten, was heute als Gebäudemanagement auf einzelne Gebäude und ganze Immobilienkomplexe bezogen wird.

Besonderer Schutz des Hauses

Das Haus – stellvertretend für ein Gebäude schlechthin – hat nicht nur schützende Funktion, es steht auch schon früh unter dem Schutz des Gesetzes. Die Stele des Hammurapi, eines herausragenden Herrschers Babylons, der um 1750 v. Chr. starb, verzeichnet Rechtsbräuche, die auch dem Haus einen besonderen Schutz angedeihen lassen. So sollte, wer in ein Haus einbrach (und das war bei der damaligen Bautechnik aus ungebrannten Lehmziegeln durchaus wörtlich zu verstehen), vor dem Loch getötet und dortselbst verscharrt werden. Wer sich bei Löscharbeiten am Eigentum des Hausbesitzers verging, dessen Haus brannte, sollte ins Feuer geworfen werden. Zum ersten Mal finden sich auf den Gesetzestafeln des Hammurapi auch Hinweise auf die Nutzungseigenschaften von Gebäuden und auf das Haftungsrecht. So hatte ein Baumeister, baute er ein Haus so schlecht, dass es einstürzte, schlimmstenfalls mit dem Tode zu rechnen. Den materiellen Schaden, den er mit seinem Pfusch angerichtet hatte, musste der Baumeister vollständig ersetzen, darüber hinaus auch das Haus, das eingestürzt war, auf eigene Kosten erneut errichten. Der Gesetzgeber muss mit riskanten Konstruktionen und Pfusch am Bau in dramatischem Umfang konfrontiert gewesen sein, wenn selbst der Einsturz einer einzelnen Wand, die selbstverständlich der Baumeister auf seine Kosten zu sanieren hatte, ausdrücklich Eingang in einen in Stein gehauenen Gesetzestext gefunden hat. Heute würde man das „Verfolgen von Gewährleistungen" nennen, aber die Rechtsvorschriften und die Rechtsfolgen sind sicher ein bisschen weniger eindeutig und brutal als zu Hammurapis Zeiten.

Aber selbst das Vertrags- und Mietrecht fanden schon Eingang in den Text der Hammurapi-Stele. Offenbar waren seinerzeit nicht alle Häuser mit ausreichend Lagerraum ausgestattet. Folglich traf das Gesetz Bestimmungen über Mietzahlungen, die etwa ein Mann zu leisten hatte, der im Hause eines anderen Getreide einlagerte. Auch kompliziertere Vertragsverhältnisse sind im Babylon des Hammurapi bereits dokumentiert. Gärtner zum Beispiel waren damals gesuchte Spezialisten. Wer etwa einem Gärtner ein Stück Feld übergab, damit der darauf einen Baumgarten pflanze, hatte dem Gärtner ab dem fünften Jahr für seine Dienste die Hälfte der Erträge dieses Baumgartens abzugeben.

Mohenjo Daro im Industal: Das Zentrum der Stadt bildete ein großes Wasserbecken, über dessen Bedeutung man sich bis heute nicht im Klaren ist.

Die Stadt als Zentrum des Fortschritts

„Die Stadt – umfassend ausgestattete Ansiedlung und mit Privilegien versehenes Machtzentrum – hat zwar ihre Wurzeln in den dörflichen Ansiedlungen, ist aber mehr als nur ein vergrößertes Dorf", schreibt der italienische Architekt und Architekturhistoriker Leonardo Benevolo (geb. 1923) in seiner *Geschichte der Stadt*. Zunehmende Arbeitsteilung und Spezialisierung, die Herausbildung qualifizierter Gewerke, die nur noch von ausgebildeten Fachkräften ausgeführt werden können, stellen auch an den Betrieb und den Unterhalt der antiken Gebäude und Einrichtungen neue Anforderungen.

Weniger bekannt – und dem europäischen Bewusstsein über Jahrtausende verborgen geblieben – sind die städtebaulichen Leistungen anderer Hochkulturen, beispielsweise im Industal im heutigen Pakistan. Hier existierte zwischen 2600 und 1800 v. Chr. – zur Zeit der ägyptischen Pyramiden und des Mittleren Reiches am Nil – eine Großstadt, die fast vollständig aus Ziegeln, und zwar überwiegend aus gebrannten Lehmziegeln, gebaut worden war. Mohenjo Daro wurde erst in den Zwanzigerjahren des 20. Jahrhunderts wiederentdeckt und ausgegraben. Zu ihrer großen Überraschung suchten die Archäologen vergeblich nach einer beherrschenden Tempel- oder Palastanlage. Stattdessen fanden sie im Zentrum der Stadt ein riesiges, aus gebrannten Ziegeln gemauertes Wasserbecken, das sie „das große Bad" nannten. Direkt daneben befanden sich große Gebäude, die man als Kornspeicher interpretiert hat. Sowohl öffentliche Einrichtungen als auch Privathäuser waren an ein ausgefeiltes System der Wasserversorgung und Entwässerung angeschlossen. So verfügte das typische Einzelhaus in Mohenjo Daro über einen Brunnen, von dem aus ein Nachbarraum – als Waschplatz – mit Wasser versorgt wurde. Das Brauchwasser wurde dann über einen Kanal aus dem Haus zum Straßensammler abgeleitet.

Abflussrinnen im Straßenbild von Mohenjo Daro

Die Pyramiden von Gizeh (ca. 2620–2500 v. Chr.): im Vordergrund die drei kleinen Königinnen-Pyramiden, in der zweiten Reihe links die Pyramide des Mykerinos, in der Mitte die Chephren- und rechts die berühmteste, die Cheopspyramide. Sie wurde aus 2,5 Millionen Steinblöcken mit einem Durchschnittsgewicht von 2,5 Tonnen erbaut. Die schwersten Blökke wiegen 7,5 Tonnen. Mit ursprünglich 146,60 Meter Höhe war sie 4000 Jahre lang das höchste Bauwerk der Welt.

Wartungsfreie Gebäude? Pyramiden und Königsgräber in Ägypten

Gibt es eigentlich wartungsfreie Gebäude? Die alten Ägypter schienen daran geglaubt zu haben. Denn als sich die Könige des Alten Reiches ihre exklusiven Grablegen bauen ließen, wurde kein kürzerer Zeitraum ins Auge gefasst als die Ewigkeit. Diese Pyramiden wurden verschlossen, sobald der Pharao samt seiner Grabbeigaben für das Jenseits darin bestattet war, und sollten danach nie mehr geöffnet werden. Zwei der Pharaonen, Cheops (Pharao 2620–2580 v. Chr.) und Chephren (Pharao 2570–2530 v. Chr.), hielten Pyramiden von mehr als 140 Meter Höhe für das angemessene Denkmal ihrer selbst; ein dritter – Mykerinos – ließ es zwar mit 65 Metern bescheidener angehen, doch erkennt man die Bescheidenheit nur im Vergleich zu den Bauten seiner beiden Vorgänger. Für sich betrachtet ist auch die dritte Pyramide von Gizeh ein Monumentalbauwerk von unfassbaren Ausmaßen und gehört zu den sieben Weltwundern der Antike.

Von Spezialisten gebaut

Der Pyramidenbau gab den Nachgeborenen schon immer Rätsel auf: Wie gelang es, die Riesenmassen von Steinen herzustellen, zu transportieren und geordnet aufeinanderzuschichten? Dass Scharen von Abertausenden Sklaven die Pyramiden gebaut hätten, ist eine historische Legende. Zwar gab es im Alten Reich auch Sklaven, tatsächlich basierte die altägyptische Gesellschaft im Wesentlichen nicht auf Sklavenarbeit, sondern auf der Arbeit der Bauern entlang des Nils.

Die Große Sphinx von Gizeh: 73,5 m lang, 6 m breit und 20 m hoch. Der liegende Löwe mit Menschenkopf wurde aus dem Rest eines Kalksteinhügels modelliert, der als Steinbruch für die Cheopspyramide diente.

Für den Bau an den Pyramiden wurden bevorzugt die Sommermonate genutzt, wenn die alljährliche Nilflut der Landarbeit ohnehin eine Pause aufzwang. Für jeden Ägypter war es eine Ehre, am Grabmal des gottgleichen Pharao mitwirken zu dürfen. Und außerdem werden die Bauern den „Nebenverdienst" an den Baustellen gern angenommen haben.

Die logistische Leistung ist noch heute beeindruckend. Wie war es möglich, die hohe Zahl von Bauleuten – darunter viele Spezialisten einzelner Gewerke – über die Jahrzehnte dauernde Bauzeit immer wieder an einem Platz zu versammeln, die Arbeit so zu koordinieren, dass nicht alle planlos durcheinanderstürzten, und daneben der existenzsichernde Wirtschaftsbetrieb einer landwirtschaftlich geprägten Gesellschaft weiterhin gewährleistet blieb?

Wie gelang es den ägyptischen Führungskräften, all die Menschenmassen, die mit dem Behauen, Schleppen und Auftürmen der Steinblöcke beschäftigt waren, regelmäßig zu verpflegen? Wo tüchtig geschleppt wird, da wird auch gegessen und getrunken. Die Ägypter, Meister der Organisation, hatten diese Probleme schon lange vor dem Pyramidenbau gelöst. Man fand in Oberägypten Reste einer Bäckerei und einer Brauerei. Denn wo es Getreide zum Backen gab, da gab es auch meistens Getreide zum Brauen. Die Bäckerei umfasste sechs Backöfen aus Lehm. Dort wurde nicht für den Eigenbedarf eines Privathaushaltes produziert. Es handelt sich um eine frühe Form des Caterings, wie man es heute dem infrastrukturellen Gebäudemanagement zuordnen würde.

Geplünderte Monumentalbauten

Die drei bekanntesten Pyramiden von Gizeh entstanden in der Zeit von 2620 bis 2500 v. Chr., in der Zeit der 4. Dynastie des Alten Reiches. Die vergöttlichten Pharaonen sollten hier ungestört ihrem Rendezvous mit den anderen Göttern entgegenschlafen. Doch bei aller Gründlichkeit hat sich das Ziel eines wartungsfreien Grabmals nicht erreichen lassen. Sowohl die Pyramiden als auch die später angelegten Pharaonengräber im Tal der Könige von Theben-West, gegenüber dem Tempel von Karnak, sind von Grabräubern geplündert worden, sobald die politischen Verhältnisse die Wachsamkeit erlahmen ließen.

Gizeh war im Alten Reich ein bedeutender Begräbnisplatz. Aus dem Mittleren Reich sind keine Totenkulte in Gizeh überliefert. Erst im Neuen Reich (1550–1080 v. Chr.) und in der Spätzeit entstanden in Gizeh wieder Grabanlagen, und aus dieser Zeit sind auch Restaurierungsarbeiten an den Pyramiden und Tempeln des Alten Reiches bezeugt. Bautechnisch gesehen waren die Pyramiden, Tempel und Totenstädte (Nekropolen) für die Ewigkeit gerüstet. Für den sicheren – das heißt fortdauernd ungestörten – Betrieb der Anlagen reichten aber auf Dauer selbst die Kräfte des ägyptischen Großreichs und der Beistand der Götter nicht aus. Späteren Generationen ging das Wissen um die Bedeutung der Anlagen mehr und mehr verloren. Schließlich bediente man sich an dem Kalkstein, mit dem die Pyramiden im Altertum noch verkleidet waren, um daraus Dünger zu brennen.

Sorglos im Olymp – Palastwirtschaft von Knossos

Ein Beispiel für die frühantike Gebäudenutzung ist der Palast von Knossos auf der Insel Kreta. Der Palast diente nämlich offensichtlich nicht nur als Herrschaftsmittelpunkt – von den Herrschaftsstrukturen auf Kreta im zweiten vorchristlichen Jahrtausend wissen wir ohnehin nur recht wenig –, sondern vor allem als Wirtschafts- und Handelszentrum.

Vor 2000 v. Chr. hatten einzelne befestigte Herrenhöfe auf Kreta bestanden, aber um die Jahrtausendwende setzten eine starke Zentralisierung der Verwaltung und ein enormer kultureller Aufschwung ein. Neue Palastanlagen entstanden – ohne jeden Festungscharakter. Die Sicherheit der Bewohner wurde offenbar nicht mehr durch starke Mauern erzielt, sondern durch allgemeinen Wohlstand und wirtschaftlichen Aufschwung. Das ist in der Menschheitsgeschichte ein so einzigartiges Phänomen, dass Historiker von einer „Pax minoica" sprachen – einer Friedensperiode, die ihren Namen von dem sagenhaften kretischen König Minos bezog. Nach ihm wurde auch die gesamte Kulturepoche auf Kreta zwischen 3100 und 1100 v. Chr. als minoische Kultur bezeichnet.

Auf den Wandbildern im Palast von Knossos auf Kreta sieht man nicht Könige und Fürsten, sondern die Menschen, die im Palastbezirk gelebt und gearbeitet haben.

Die Paläste der minoischen Kultur waren nicht nur Verwaltungszentren, sondern zugleich Wirtschaftsbetriebe. Alle Paläste hatten einen zentralen Innenhof – östlich davon lagen die fürstlichen Wohnräume, westlich davon die Magazine, über denen sich repräsentative Säle befanden. In den Palastanlagen nahmen Werkstätten, Magazine und weitere Wirtschaftsräume den weitaus größten Raum ein. Alles deutet darauf hin, dass die „strategischen" Produktionszweige – etwa Schmiedekunst, Kupfergießerei, Keramikmanufaktur und Siegelherstellung – im Palast konzentriert, wenn nicht sogar monopolisiert waren. Die Größe der Vorratslager lässt den Schluss zu, dass in den Palästen die Abgaben der Bevölkerung gesammelt, zu Handelsgütern weiterverarbeitet und im Fernhandel umgeschlagen wurden.

Mit den Palastanlagen auf Kreta begegnet uns ein früher Typus eines multifunktionalen Wohn- und Geschäftshauses. Viel Personal wird nötig gewesen sein, damit der Palast all seine Funktionen erfüllen konnte. Wir wissen nicht, ob das Personal selbst im Palast wohnte oder ob es aus der Stadt, die sich um den Palastbezirk herum bildete, zur Arbeit kam. Jedenfalls sind auf den Wandbildern, die man gefunden hat,

Überreste eines Vorratslagers im Palast von Knossos. Große Tongefäße, sogenannte Pithoi, dienten der Vorratshaltung.

häufig die Menschen zu sehen, die den Reichtum der minoischen Kultur schufen, sammelten und verwalteten. Ohne sie wäre der prächtigste Palast nichts als eine tote Hülle gewesen.

Kretas Paläste erziehen zur Bescheidenheit. Unsere heutigen zivilisatorischen Glanzleistungen in der Gebäudebewirtschaftung muten, gemessen an den Leistungen und Fähigkeiten der Kreter vor 4000 Jahren, nicht mehr ganz so sensationell an. Unter den Palästen hat man ausgedehnte Wasserleitungs- und Kanalisationssysteme gefunden. Das gebäudewirtschaftliche Problem Nummer eins – die Wasserzufuhr und -ableitung – wurde gelöst, indem Rinnen durch den Kalkstein oder Marmor geführt wurden. Das abfließende Brauchwasser und die Fäkalien wurden in Klärbecken gereinigt. Mehr noch: In den kretischen Palästen vermochte man kaltes Quellwasser aus den Bergen so an Marmorplatten vorbeizuleiten, dass auf diesen Platten leicht verderbliche Lebensmittel wie in einer Kühltheke auf mehrere Grad unter die Umgebungstemperatur abgekühlt und gelagert werden konnten.

Die minoischen Kreter waren noch keine Griechen. Woher sie kamen, wie sie sprachen und warum ihre Kultur zusammenbrach und in die „dunklen Jahrhunderte" mündete, weiß man bis heute nicht genau. Aber vielleicht ist es kein Zufall, dass die Mythologie den Geburtsort des griechischen Göttervaters Zeus zum Berg Ida auf Kreta verlegt. „Hier versteht man komplexe Probleme zu lösen", mag Zeus gedacht haben. „Hier lasst mich Gott sein."

Wohnkultur und Badefreuden – Villen und öffentliche Gebäude im Römischen Imperium

Waren die Griechen in ihrer klassischen Zeit (zwischen 500 und 336 v. Chr.) die unbestrittenen Meister des Tempelbaus und der Anlage öffentlicher Plätze, so verbanden die Römer die Perfektionierung der öffentlichen Bauten mit bedeutenden Fortschritten im privaten Sektor. Baute man das griechische Privathaus in den meisten Fällen mehr als bescheiden, weil sich das Leben der griechischen Stadtbürger überwiegend auf öffentlichen Plätzen abspielte, so konnte das Privathaus des Römers, wenn es die wirtschaftlichen Verhältnisse des Besitzers erlaubten, überaus luxuriös, ja regelrecht palastartig ausfallen.

Zu den auffallendsten Facilities der Römerzeit gehören ohne Zweifel die öffentlichen Badehäuser. In privater Trägerschaft gab es sie schon seit der republikanischen Zeit. Bis in die Spätantike unterlagen die Badehäuser aber der öffentlichen Kontrolle, die von hohen römischen Beamten ausgeübt wurde. Unter den Kaisern wurden die großen Thermen zu öffentlichen Freizeitstätten. Die Thermen waren gegen geringes Eintrittsgeld, zeitweise auch kostenlos zugänglich, wirtschaftlich wurden sie von der kaiserlichen Kasse gestützt. Die Herrscher sahen darin eine lohnende Investition, die half, das römische Volk bei Laune zu halten.

Ruine der Kaisertherme in Trier. Badehäuser gehörten zu den bevorzugten öffentlichen Bauten der Römer.

Grundstücksspekulationen

An den privaten Bauten der Römerzeit lässt sich eine fortschreitende soziale Differenzierung feststellen. Während die Bauten der Wohlhabenden griechische Impulse aufnehmen und sich mit dem Peristylhaus ein Gebäudetypus entwickelt, der sich um einen Innenhof (Atrium) und einen – oft gartenartigen – Säulenhof (Peristyl) gruppiert, erlebt Rom einen starken Anstieg der Grundstückspreise und einen Bauboom, bei dem die Masse oft genug auf Kosten der Klasse ging. Einstürze und Stadtbrände gehören ebenso zu Rom wie Colosseum, Forum und die Thermen. Die Beamten, die im römischen Gemeinwesen die Bauaufsicht ausübten, hatten allerhand zu tun, um Verstöße gegen die Bauordnung zu ahnden. Wohlhabende und einflussreiche Römer waren auch im Spekulationsgeschäft klar im Vorteil.

Marcus Licinius Crassus (115–53 v. Chr.) heuerte eine Truppe von 500 Sklaven an, die er zu Bauhandwerkern ausbilden ließ. Seine Bauarbeitertrupps vermietete er zu Höchstpreisen. Außerdem unterhielt er eine private Feuerwehr, stand allerdings gleichzeitig unter dem Verdacht, ganze Stadtquartiere zu Schleuderpreisen aufgekauft zu haben, nachdem er sie durch gezielte Brandstiftung entwertet hatte.

Die große Brandgefahr und die unsolide Bauweise der Mietwohnungen führten auch dazu, dass sich viele Römer außerhalb des eigenen Hauses verpflegen mussten. Denn in den mehrstöckigen römischen Mietshäusern wäre eine Kochstelle – man pflegte damals auf einem gemauerten Herd mit offenem Feuer zu kochen – ein Brandherd im wahrsten Sinne des Wortes gewesen. Stattdessen gingen die römischen Behörden zur Lebensmittelverteilung über. In den Ballungszentren schossen Tavernen, Kantinen und Mansiones – Raststätten für Handels- und Dienstreisende – aus dem Boden. Archäologen staunten nicht schlecht, als sie Pompeji ausgruben, die berühmte Stadt am Fuß des Vesuvs, die 79 n. Chr. bei einem Vulkanausbruch verschüttet, gewissermaßen mitten aus dem städtischen Leben gerissen worden war: Nachdem sie etwa die Hälfte der Stadt freigelegt hatten, waren sie bereits auf 120 Gastwirtschaften der unterschiedlichsten Art gestoßen – hochgerechnet kamen in Pompeji 16 bis 20 Kneipen auf 1000 Einwohner.

Wasserversorgung

Das Prunkstück der römischen Stadt- und Gebäudewirtschaft war zweifellos die Wasserversorgung. Anders hätte man die großen öffentlichen Bäder auch gar nicht betreiben können. Aber auch viele private Häuser waren an das öffentliche Wassernetz angeschlossen. Ein privater Wasseranschluss dokumentierte einen hohen sozialen Rang des betreffenden Hausbesitzers. Allerdings reichten die Was-

Römisches Aquädukt in Segovia (Spanien)

Öffentliche Latrine in der römischen Hafenstadt Ostia

serleitungen meistens nur bis ins Erdgeschoss der Häuser. Für die Versorgung der oberen Geschosse war man auf Wasserträger angewiesen, die das Wasser von öffentlichen Brunnen holten. Immerhin gab es in Rom im Jahr 33 v. Chr. 700 Brunnen, dazu 150 Springbrunnen und 150 Bäder. Das Wasser aus diesen öffentlichen Brunnen wurde nicht nur als Trinkwasser und für das Badehaus genutzt, sondern auch für den häuslichen Gebrauch, für die Pflege der Gärten und für die Reinigung der Straßen und Rinnsteine.

Ebenso perfekt wie die Wasserversorgung war die Abwasserentsorgung organisiert. Rom selbst verfügte über einen mächtigen Abwasserkanal, die *cloaca maxima* (siehe Abb. Seite 9), deren Gullys auch der Aufnahme von Regenwasser dienten. Hauptzweck der Anlage war aber die Entsorgung der Latrinen – und neben den Abtritten der Privathäuser gab es in Rom zu Beginn der Kaiserzeit auch 144 öffentliche Latrinen.

Ämter und Würden

Innerhalb der römischen Ämterlaufbahn gab es Staatsämter, die sich speziellen, typisch römischen Problemen widmeten. So stand der *Praefectus vehiculorum* dem staatlichen Beförderungswesen vor. *Der Praefectus annonae* war für die Getreideversorgung Roms verantwortlich – er war zwar noch kein Caterer im modernen Sinne, aber ein Spitzenbeamter, ohne den Garküchen und Backstuben kalt blieben. Die *Quästoren* waren mit der Verwaltung der Staatskasse betraut, überwachten Steuereinnahmen und Pachtzahlungen und hatten das Staatsarchiv unter sich. Die vier (seit Cäsar sechs) Ädilen der römischen Republik beaufsichtigten alles, was mit öffentlichen Gebäuden, Thermen, Aquädukten, Straßen, Verkehr, Bauwesen und Marktgeschehen zu tun hatte: unter anderem Preise, Maße und Gewichte der Dinge, die auf den Marktplätzen gehandelt wurden. Zur Kaiserzeit wurde ein *Curator viarum* berufen; er war für die Instandhaltung der Straßen in Rom und im Umland verantwortlich. Von Zeit zu Zeit wurden *Decimviri agris dandis adsignandis* berufen, Zehnmännergremien, die über die Vermessung und Verteilung öffentlichen Landes zu wachen hatten.

Aber nicht alles verlief immer in geordneten Bahnen. So gelang es den Römern nie, ihr Müllproblem wirklich zu lösen. Eine öffentliche Müllabfuhr gab es nicht. Immer wieder hörte man Klagen darüber, dass Müll einfach auf die Straße entsorgt wurde – nicht umsonst hat man an bestimmten Stellen „Fußgängerübergänge" geschaffen, Trittsteine, die es erlaubten, sauberen Fußes von einer Straßenseite auf die andere zu gelangen. Müll wurde regulär auf großen Müllbergen vor der Stadt, an Seeufern oder auf nicht benötigten Begräbnisplätzen entsorgt. Um den Gestank zu mindern und die Ausbreitung von Ungeziefer zu verringern, wurde regelmäßig Kalk über die Mülldeponien gestreut. Fäkalschlamm diente als Dünger. Das Herumliegen von Abfall war eine so allgemeine und vertraute Tatsache, dass sie selbst zum Gegenstand künstlerischer Gestaltung wurde. So kennt man den berühmten römischen Mosaikfußboden, auf dem herumliegende Speisereste und dazwischen umherhuschende Mäuse dargestellt wurden. Cato der Ältere (243–149 v. Chr.), der Staatsmann, Feldherr und Schriftsteller, ist ein früher Verfechter dessen gewesen, was man heute Unterhaltsreinigung nennt. Er empfahl beispielsweise die tägliche Reinigung der Küche. Im Alltag hat man sich wohl manchmal dagegen entschieden, den Müll aus dem Haus zu fegen und ihn zu einem weit entfernten Abfallplatz zu bringen, sondern die Küchenabfälle einfach in den Lehmboden eingetreten.

Trittsteine auf einer Straße in Pompeji

Wer managte das römische Haus?

Die Römer galten in der antiken Welt als die unbestrittenen Meister der Verwaltung und der Organisation. Dennoch scheiterte das Imperium am Ende auch daran, dass es bestimmte Probleme des Gemeinwesens – nicht zuletzt Fragen der Versorgung und Bewirtschaftung großer kommunaler Einheiten – nicht in den Griff bekam. Außerdem stimmten Sachkompetenz und politische Macht immer weniger überein. Während im Kampf um die politische Macht und ums öffentliche Amt Fragen des kompetenten Managements oft auf der Strecke blieben, wurde im römischen Privathaushalt Kompetenz hinsichtlich des Gebäudemanagements sehr geschätzt. Hier nämlich setzten die vermögenden Römer, die große Häuser führten, spezialisierte Sklaven ein. Die Spezialisten verfügten über jahrelange Berufserfahrung, die sie an ihre Untergebenen weitergeben konnten. Der vornehmste der Haussklaven war der *Dispensator*, wie man einen Rechnungsführer nannte, oder der *Prokurator* – ein Sklave oder Freigelassener, der im Auftrag seines Herrn oder seines Patrons dessen Güter (etwa Landgüter, Wirtschaftsbetriebe, den städ-

Vergitterung an Fenstern eines Hauses in Herculaneum, wie sie nach dem Vulkanausbruch des Vesuv im Jahr 79 v. Chr. erhalten blieb. Wirtschaftlicher Wohlstand zog Neid auf sich und machte Sicherheitsvorkehrungen erforderlich.

tischen Hausstand, Gelder oder sonstige Vermögenswerte) verwaltete. Diesen „Edelsklaven" unterstanden weitere dienstbare Geister für die verschiedenen gebäudewirtschaftlichen Belange. Der wichtigste war der *Atriensis*, der Vorsteher des Atriums, der für alles verantwortlich war, was mit Haus und Hausrat zusammenhing. Ihm waren die Putzsklaven unterstellt, die Reinigungsarbeiten und Reparaturen erledigten. Putzen, Fegen, Gießen, Gartenarbeiten im Peristyl gehörten zu den täglichen Aufgaben, ebenso wie das Richten der Frisuren und das Ordnen der Kleidung der Herrschaften, das andere spezialisierte Sklaven ausführten. Dieses differenzierte Wirtschafts- und Personalgefüge im römischen Haus, über das uns die Schriften zahlreicher römischer Schriftsteller eher beiläufig unterrichten, bildete sich besonders seit der Zeit des Kaisers Augustus (63 v. Chr.–14 n. Chr.) heraus.

Daneben hatten die Prokuratoren mitunter auch anspruchsvollere Aufgaben zu erfüllen. Das Haus des Geschichtsschreibers Sallust lag so günstig an einer Straßenkreuzung und in der Nähe eines der Stadttore, dass der Prokurator es für tunlich hielt, die Flächen der Immobilie möglichst wirtschaftlich auszunutzen. Nicht weniger als fünf Ladengeschäfte, drei Mühlen und eine Bäckerei wurden im unteren Geschoss betrieben. Auch viele andere Hausbesitzer vermieteten die Ladenzonen ihrer Häuser oder ließen sie – in einer Art antiken Outsourcings – von ihren Sklaven und Freigelassenen bewirtschaften.

Das römische Haus war also nicht nur Wohnort, sondern auch Wirtschaftseinheit. Um es qualifiziert zu führen und zu verwalten, brauchte es eine Menge Personal und spezialisierte Führungskräfte mit langjähriger Berufserfahrung. Oft über-

Wie in Ostia, der Hafen- und Speicherstadt, die Rom versorgte, verfügten auch viele römische Stadthäuser über Gastronomiekomplexe und Ladengeschäfte im Erdgeschoss.

trug man verlässlichen Sklaven solche Führungsaufgaben, die sie als Freigelassene im Haus ihres Patrons weiter ausübten. Und viele Berufsbilder, die sich in dieser Zeit herausbildeten, würden im späteren Europa nicht nur zu hohem Ansehen gelangen, sondern große Machtfülle generieren.

Zwar gab es – kann man zusammenfassend sagen – noch kein Gebäude- oder Facility Management im heutigen Sinn, aber in dieser antiken Wirtschaftsweise erkennen wir schon vieles wieder, was heute modernes und ganzheitliches Facility Management auszeichnet.

Adelsburg und Bürgerhaus – Gebäudewirtschaft im Mittelalter

Burg Eltz in Rheinland-Pfalz – ca. 20 km westlich von Koblenz in einem Seitental der Mosel gelegen – ist seit 1268 Ganerbenburg: Mehrere Linien der Herren von Eltz mussten auf der Burg miteinander auskommen.

Das Mittelalter ist für die meisten mit dem Bild einer trutzigen Ritterburg verbunden, die einsam und uneinnehmbar auf einem Bergsporn thront. Es hat diese Burgen in großer Zahl gegeben, und viele Ruinen dieser Burgen geben noch heute anschaulich Zeugnis vom Ablauf des Lebenszyklus der „Immobilie Ritterburg". Aber zwischen dem Ende der Römerzeit im 5. Jahrhundert und dem Bau der ersten festen Burgen aus Stein lagen gut 500 Jahre, in denen es weder Ritter in scheppernder Rüstung noch stolze Burgen gab.

Grundeigentum und Grundherrschaft

Die wirtschaftliche Grundlage der Feudalzeit, die nach dem Ende des Römischen Imperiums begann, war die Neuverteilung des Grundeigentums. Die frühmittelalterliche Gesellschaft war eine bäuerliche Gesellschaft – vier Fünftel der Bevölkerung lebten von der Landwirtschaft, die wiederum 80 Prozent des (damals noch nicht so genannten) Bruttosozialprodukts erzeugte. Die Städte der Römer wurden aufgegeben und verfielen. Mit den Römerstraßen und Wasserleitungen wussten die neuen Herrscher nichts anzufangen. Auf den neu gewonnenen Landflächen installierten die Stammeskönigreiche, die dem Römischen Imperium nachfolgten, neue Wirtschaftseinheiten und Gebäudeformen.

Bauern bringen dem Grundherrn ihre Abgaben. Holzschnitt aus dem 15. Jahrhundert

Dieses Szenario lief fast überall ähnlich ab, wo immer die Römer abzogen und zunächst ein Machtvakuum hinterließen. Beispielsweise in Britannien. Im Jahr 410 hatten die letzten regulären römischen Truppen die Insel verlassen. In Britannien lebten damals verschiedene Bevölkerungsgruppen: die Briten, die von den Römern teilweise verdrängt worden waren, römische Zivilisten, die seit Generationen auf der Insel lebten, und die allmählich einwandernden Sachsen, Jüten und Angeln. Etwa um 600 gaben die „Spätrömer" das Leben in den alten Römerstädten auf: aus Mangel an technischen Kenntnissen, die erforderlich gewesen wären, die notwendigen Reparaturen an Mauern, Dächern, Straßen und Wasserbauwerken auszuführen. Vor allem fehlte es an einer Verwaltung, welche die erforderlichen Arbeiten koordinieren und kontrollieren konnte. Es fehlte am Management. Die Städte standen leer. Die Bauern bebauten immerhin den Boden innerhalb der viel zu groß gewordenen römischen Stadtmauern, doch in den einst so prächtigen Villen, von denen es in Britannien Hunderte gab, wohnte niemand mehr.

Neue Eigentums- und Lebensformen entstanden. Zunächst griff man auf die sogenannte *Villikation* zurück – Grundbesitz einschließlich direkter Herrschaft über die auf dem Grund lebenden und arbeitenden Bauern. Kern einer solchen Villikation war ein Fronhof mit großem, selbst bewirtschaftetem Landbesitz und zahlreichen kleinen Bauernstellen (sogenannten *Hufen*), die von den hörigen Bauern bewirtschaftet wurden. Der Fronhof selbst umfasste neben Wohngebäuden für Herrn und Gesinde noch weitere Einrichtungen wie Vorratshäuser, Scheunen, Mühlen, Back- und Brauhäuser, Keltern und verschiedene Werkstätten (Schmieden, Stellmachereien, Gerbereien und andere). Typische Textilarbeiten (Spinnen, Färben, Weben, Nähen, Waschen) mussten von halbfreien oder unfreien Frauen im Frauenarbeitshaus geleistet werden. Man darf davon ausgehen, dass alle Arbeiten, die für die Instandhaltung und den Betrieb eines Fronhofs aufgewendet werden mussten, von den Leibeigenen des Grundherrn und von den zu Frondiensten Verpflichteten ausgeführt worden sind. Der Leiter dieser Arbeiten – der Manager, wenn man so will – war der sogenannte Meier, der dem Fronhof vorstand.

Beim Wirtschaftsmodell des Fronhofes, das seit dem 7. Jahrhundert vorherrschte, trugen die Grundherren die gesamte Verantwortung (und die Kosten) für Verwaltung und Infrastruktur. Seit dem 12. Jahrhundert entwickelte sich dagegen die Rentengrundherrschaft zum vorherrschenden Wirtschaftstyp. Die Grundherren wollten nicht mehr selbst als Landwirte agieren und zogen sich auf ihre Burgen zurück. Statt auf ineffektive Frondienste zurückzugreifen, ließen sie sich Abgaben in Naturalien oder Geld zahlen, denn mit der Entfaltung der Geldwirtschaft war auch ihr eigener Geldbedarf sprunghaft angestiegen. Der Fronhof verlor seine Bedeutung als produktives Zentrum der Grundherrschaft. Viele dieser Anlagen wurden aufgegeben und verfielen oder wurden verliehen und unter wiederholten Umbauten mit anderen Nutzungsprioritäten weiterbetrieben.

Hausmeier, Pfalzgrafen, Burgvögte

Was sich im Kleinen in der einzelnen Grundherrschaft abspielte, ließ sich auch im größeren politischen Maßstab beobachten. Die merowingischen Könige des Frankenreichs hatten der eigenen Hocharistokratie sehr großzügig Landbesitz in den eroberten Gebieten geschenkt. Mit diesem neu gewonnenen Grundeigentum schuf sich der fränkische Hochadel eine eigene Machtbasis, die mit der Macht des Königs anfangs konkurrierte und sie am Ende der Merowingerzeit dominierte.

Karl Martell, Hausmeier in allen fränkischen Teilreichen von 714 bis 741

Ausdruck dieser zunehmenden Macht des Hochadels waren die Hausmeier. Ein *Maior domus* war ursprünglich der Leiter der königlichen Hofhaltung. So wie der Meier auf dem Fronhof den Grundherrn in administrativen Dingen vertrat, so führte der *Maior domus* des fränkischen Königs die Aufsicht über alle anderen Hofämter und über das königliche Hofgesinde. In dieser Funktion wurde er nicht nur der erste Ratgeber des Königs, sondern Verwalter des gesamten Königsgutes und führte schließlich die Regierungsgeschäfte des Monarchen.

Pippin der Jüngere, Vater Karls des Großen, setzte 751 den letzten Merowingerkönig einfach ab und schickte ihn in ein Kloster. Er setzte sich selbst die Königskrone auf und schaffte dann sogleich – bezeichnenderweise – das Amt des Hausmeiers ab.

Für die Verwaltung des reisenden Königshofes standen mehrere hohe Beamte zur Verfügung:

- Der *Camerarius* (Kämmerer) verwaltete den königlichen Schatz, die Finanzen und war für den Unterhalt des Hofes verantwortlich.
- Der *Seneschalk* oder *Truchsess* sorgte für die Verpflegung der Hofgesellschaft.
- Der *Mundschenk* besorgte die Getränke.
- Der *Marschalk* führte den „Stall", sorgte für die Pferde und sicherte die Mobilität des Hofes.
- Der *Mansionarius* (Quartiermeister) trug Sorge für die Unterkunft.
- Außerdem beaufsichtigten *Jäger* und *Falkner* die königlichen Forste.

An den Höfen entwickelten sich „Dienstleistungsberufe", die ursprünglich mit einem tatsächlichen Dienst für den Herrscher verbunden gewesen waren, nach und nach zu einflussreichen Hofämtern, in denen der Dienst zur Zeremonie geronnen war. Ihren Höhepunkt erlebten diese Zeremonialämter in der Zeit des Absolutismus, besonders in Frankreich unter Ludwig XIV.

In Deutschland nahm die Geschichte einen anderen Weg. Hier bildeten sich seit dem Mittelalter relativ stabile Territorialherrschaften heraus und die Inhaber einstiger Verwaltungsfunktionen – wie die Pfalzgrafen – wurden zu selbstständigen Fürsten. Der Pfalzgraf bei Rhein etwa war im Mittelalter ein so angesehener Fürst, dass er zum auserwählten Kreis derjenigen gehörte, die den König wählen durften. Dabei waren nicht militärische Macht oder Reichtum ausschlaggebend, sondern die traditionelle Rangstellung in der Nähe des Königs. So gehörten seit 1252 sieben Fürsten – die Erzbischöfe von Mainz, Köln und Trier, der Pfalzgraf bei Rhein (als Erztruchsess), der Herzog von Sachsen (als Erzmarschall), der Markgraf von Brandenburg (als Erzkämmerer) und der König von Böhmen (als Erzmundschenk) – zum Kreis der Königswähler.

Diese „politischen" Ämter, deren Träger bestimmenden Einfluss auf die Geschicke des Reiches nahmen, waren aus realen Hofämtern und dem unmittelbaren Dienst für den König hervorgegangen. So war der Truchsess ursprünglich Vorsteher der königlichen Hofhaltung und oberster Aufseher über die Tafel. Er musste die tägliche Bewirtung – das Catering – an der königlichen Tafel organisieren. Er musste sich mit dem Kämmerer, der das Geld verwaltete und der den buchhalterischen Teil des höfischen Gebäudemanagements erledigte, gegebenenfalls um die Finanzierung der Hofhaltung streiten.

Der Truchsess hatte eines der einflussreichsten Hofämter des Mittelalters. An der Tafel des Kaisers oder eines Fürsten reichte er die erste Schüssel mit Speisen. Darstellung auf einem Kartenspiel um 1455.

Pfalzen, Klöster und Burgen

Das Mittelalter war zwar nicht in allen Belangen so finster, wie es Jahrhunderte später die Aufklärung darstellte, aber leicht war das Leben für die Menschen damals nicht. Als durchschnittliche Lebenserwartung nimmt man bei Frauen ungefähr 25 Jahre, bei Männern 32 Jahre an. Frauen waren von den Risiken, die Schwangerschaft und Geburt mit sich brachten, überaus stark betroffen. Die Kindersterblichkeit war hoch, auch in Adelsfamilien und Königshäusern. Infektionskrankheiten, die epidemisch auftraten, stellten ein tödliches Risiko dar. Zwar wurden manche Menschen auch im Mittelalter schon sehr alt, aber sozialer Status, Ernährungsgewohnheiten und hygienische Verhältnisse übten einen sehr starken Einfluss auf die Lebensweise und die Lebenserwartung aus.

Im Mittelalter regierten die Könige nicht von einer Residenz aus, sondern sie waren „Reisekönige". In Kriegszeiten sowieso, wenn sie an der Spitze ihres Heeres gegen den Feind zogen; aber auch in Friedenszeiten glich ihr Regierungshandeln eher einem Feldzug.

Die Könige hielten Hoftage an bestimmten Plätzen ab, zu denen sie die Großen des Reiches einluden. Dort wurden politische Entscheidungen verkündet, Bündnisse geschlossen, Urkunden ausgestellt, Belehnungen vorgenommen, dort wurde Recht gesprochen, gegessen, getrunken, gefeiert und gebetet. Das alles erforderte einen großen logistischen Aufwand, denn Hunderte Ritter, Beamte und andere Gefolgsleute des Königs wollten nicht nur beherbergt, sondern mussten auch verköstigt und versorgt werden.

Königspfalzen: Wirtschafts- und Herrschaftszentren

Die königlichen Pfalzen und die Reichsabteien waren die bevorzugten Orte, an denen die reisenden Könige sich aufhielten. Sie befanden sich in der Regel auf Kronland und waren mit königlichen Tafelgütern ausgestattet: Wirtschaftsbetriebe, die eigens zur Versorgung des Königs und seiner reisenden Haushaltung bestimmt waren. Aber auch bischöfliche Einrichtungen, Klöster, Städte und Burgen unterlagen der Gastungspflicht, das heißt sie waren verpflichtet, den König und sein Gefolge auf seinen Reisen aufzunehmen, zu schützen und zu beköstigen.

Zur Pfalz gehörte ursprünglich ein Königshof (*Villa*). Er diente dem König und seinem Gefolge als Quartier und wurde von einem *Iudex*, einem *Exactor* oder einem *Dominicus palatii* geleitet. Ihm unterstanden die Meier der einzelnen Wirtschaftshöfe (der Tafelgüter der Pfalz) und außerdem *Forstarii* (Forstmeister), *Cellarii* (Kellermeister), *Decani* (Vögte), *Telonarii* (Zolleinnehmer) und weitere *Ministri* (Dienstleute). Der *Iudex* war verantwortlich, dass das *Servitium regis* (die dem König geschuldete Leistung) vollständig aufgebracht wurde, dass die Gebäude instand gehalten, die Weinberge bearbeitet wurden und stets genug Vorräte vorhanden waren. Damit war der Vorsteher der Pfalz nicht nur Vollzugsbeamter der Krone, sondern zugleich Verwalter des ihm anvertrauten Königsgutes.

Skizze eines Grubenhauses, wie es auch auf der Pfalz Tilleda am südlichen Harzrand gestanden haben könnte

In Tilleda, unweit des Kyffhäusers, haben Archäologen in mühevoller Kleinarbeit eine Königspfalz aus dem 10. Jahrhundert ausgegraben. Das Besondere daran: Die mittelalterlichen Anlagen waren aufgegeben und später nie wieder überbaut worden. So blieben sie den Archäologen unverfälscht erhalten. Aus den Grabungsfunden kann man die Struktur der königlichen Liegenschaften ableiten.

Die Pfalz war demnach festungsartig ausgebaut und nutzte eine Fläche von 290 mal 165 Metern. Neben den Wehranlagen und der Hauptburg nahm die Vorburg mit 70 Prozent den größten Flächenanteil ein. Hier befanden sich die Wohn- und Arbeitsgebäude der hörigen Handwerker, der Wachleute sowie anderer Beschäftigter mit ihren Familien. Die Wohngebäude waren zum Teil als Grubenhäuser ausgeführt, die im Sommer Kühlung gewährleisteten und im Winter der Witterung weniger Angriffsfläche boten. Zwei große Tuchmachereien gab es auf der Pfalz; üblicherweise oblag die Textilfertigung – vom Flachsbrechen, Wollkämmen, Spinnen, Weben bis zum Nähen und Färben – hörigen Frauen, die in einem Genecium, einem Frauenarbeits- und -wohnhaus, zusammengefasst waren. Weiterhin gab es keramische Werkstätten und Metallverarbeitung auf der Pfalz. So war Tilleda einschließlich der landwirtschaftlichen Produktion in der Lage, dem königlichen Gefolge eine Vollversorgung anzubieten.

Tilleda gehörte nicht einmal zu den großen Pfalzen, diente mehr oder weniger als Durchgangsstation im Vorharzland, wenn die Könige beispielsweise auf dem Weg ins silberreiche Goslar waren. Was ein königliches Tafelgut – auch unabhängig von königlichem Besuch – zu leisten hatte, richtete sich natürlich nach der wirtschaftlichen Leistungskraft und Ausstattung. Für einen rheinfränkischen Königshof sind die dem König geschuldeten Leistungen aktenkundig geworden: 40 Schweine, 7 Ferkel, 50 Hühner, 5 Kühe, 500 Eier, 10 Gänse, 5 Pfund Gewürze, 90 Laib Käse, 10 Pfund Wachs und 4 große Fuder Wein. Dazu kamen Getreidelieferungen, die so selbstverständlich waren, dass man sie nicht eigens erwähnte. Die Abtei Werden hatte im Jahr 1050 für den Unterhalt des Königs beizutragen: 8 Kühe, 83 Schweine, 8 Pfauen, 195 Hühner, 95 Laib Käse, 870 Eier, 41 Malter Brot, 95 Scheffel Hafer, 172 Krüge Bier, 485 Schüsseln und 147 Becher; diese Leistungen hatten die 22 Fronhöfe der Abtei beizubringen. Das Netz der Königspfalzen und Reichsabteien war der Versuch, die logistischen Probleme des Reisekönigtums mit einem ganzheitlichen Konzept zu lösen.

In Tilleda ist man sicher auch froh gewesen, wenn das königliche Gefolge weiterzog, denn die kleineren Tafelgüter waren nach zwei Wochen erschöpft, die Vorratsspeicher leer, der Wein war ausgetrunken und die Abfälle türmten sich im Hof. Viele Bewohner der umliegenden Dörfer meinten, ein Kriegszug hätte sie auch nicht schlimmer treffen können als der Besuch ihres Königs.

Ähnlich wie die Königspfalz war auch die königliche Burg organisiert. Wenn es geordnet zuging, hatte sie einen Kastellan. Kastellane hatten die Befehlsgewalt über eine königliche Burg, waren also die obersten Verwalter. Als Burggrafen waren sie königliche Lehnsmänner, trachteten aber nach Selbstständigkeit. Seit der Renaissance wurde der Beschließer oder Aufseher einer Burg Kastellan genannt. Er hatte das Objekt in Schuss zu halten, auch wenn der Eigentümer selbst nicht anwesend war oder sich längst einen bequemeren Wohnsitz gesucht hatte.

Die Klöster: Ora et labora

Auch Klöster waren im Mittelalter mehr als Stätten geistlicher Übungen. So wie heute das Facility Management nach einem ganzheitlichen Ansatz sucht, um die Probleme der Bewirtschaftung von Immobilien zu lösen, so versuchte man in den Klöstern möglichst alle geistlichen und weltlichen Aufgaben in einem einheitlichen Kontext zu lösen. Die ersten Klöster – als Glaubens-, Sozial- und Wirtschaftseinheiten – entstanden im 4. Jahrhundert. Als erstes Kloster auf deutschem Boden entstand ab 353 St. Maximin in Trier. Der ideale Klosterplan ist aus dem 9. Jahrhundert in der Stiftsbibliothek St. Gallen überliefert. Nach diesem Grundrissplan – der Klosterplan zeigt Grundrisse von ca. 50 Gebäuden – hat man eine Rekonstruktion dieses frühmittelalterlichen Klosters unternommen.

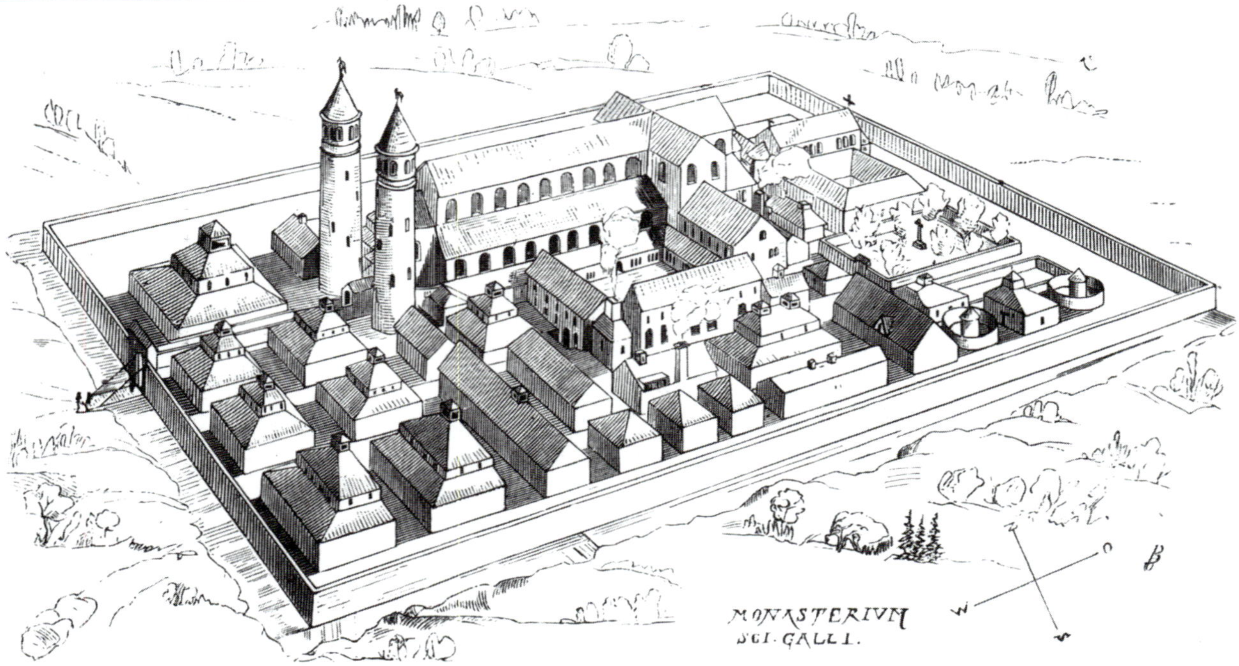

Zeichnerische Rekonstruktion des Klosters St. Gallen nach dem mittelalterlichen Grundrissplan

Das dominierende Gebäude der Anlage ist die Klosterkirche, an die sich direkt das *Skriptorium* (Schreibstuben) und die Sakristei sowie der Kreuzgang anschließen, ferner das *Kalefaktorium* (die Wärmstube, das gemeinsame „Wohnzimmer" der Mönche) samt dem darüberliegenden *Dormitorium* (Schlafsaal), dem *Refektorium* (Speisesaal) nebst Küche, Back- und Brauhaus, Latrinenanlagen und Waschräumen. Östlich des Langhauses befinden sich zwei in sich abgeschlossene Miniklöster innerhalb des Klosters, das eine für die Novizen, das andere für die Kranken unter den Mönchen. Nördlich des Langhauses stehen die Schule und die Gästehäuser. Südlich und östlich des Langhauses befinden sich die Wirtschaftseinrichtungen einschließlich der Wohnungen für Tagelöhner und Dienstboten, die keine Mönche sind. Hier gibt es Werkstätten für Schuhmacher, Sattler, Schmiede und Goldschmiede, Gerber, Walker und andere Gewerke. Außerdem Mühlen, eine Mälzerei, Ställe und Schuppen für Rinder, Schweine, Schafe, Enten und Hühner sowie Gartenanlagen. Die Gebäudesubstanz dürfte mehr als 100 Mönchen und 200 Arbeitern und Dienstboten Platz zum Leben und Arbeiten geboten haben.

Benedikt übergibt Maurus und anderen Mönchen seine Regeln. Darstellung von 1129

Dem Papier nach war ein mittelalterliches Kloster ein perfekt eingerichteter, autarker Wirtschaftsbetrieb, der – für damalige Verhältnisse – ein Höchstmaß an Know-how, Kultur und Wirtschaftskraft auf engstem Raum vereinigte. Der Betrieb dürfte aber auch höchste Anforderungen an Organisation und Verwaltung gestellt haben. Der heilige Benedikt hatte vorgesorgt, indem er seinen Mönchen nicht nur geistliche Gebote auferlegte, sondern auch Ordensregeln mitgab, die das weltliche und wirtschaftliche Leben im Kloster beschrieben.

Die Kapitel 31 bis 57 der *Regula Benedicti* geben Anweisungen für die Verwaltung des Klosters, die Dienste und Funktionen der Mönche, die Versorgung, die Aufnahme von Gästen und den Umgang mit Handwerk und Handwerkern von außerhalb. Benedikt von Nursia (um 480–547) legte das Regelwerk um 530 in Monte Cassino nieder. So beschrieb Benedikt mit dem Amt des *Cellerars* eine Art Klostermanager, der Verwaltungsleiter und Personalchef sowie Finanzverantwortlicher in einem war. Die Regel erlegt ihm auf, er solle „Sorge tragen für alles" und „alles Gerät und die ganze Habe des Klosters soll er als heiliges Gerät betrachten". Nichts soll er ohne die Anweisung des Abtes tun, vor allem aber: „Nichts soll er nachlässig behandeln. Er soll sich nicht dem Geiz ergeben, aber auch kein Verschwender und Vergeuder des klösterlichen Besitzes sein, sondern in allem Maß halten." Der Cellerar muss in seiner Funktion Fähigkeiten entwickeln, die Jahrhunderte später im Facility Management benötigt werden. Werkzeuge, Kleidung und anderer klösterlicher Besitz sollen kompetenten und innerlich gefestigten Brüdern zur Beaufsichtigung gegeben werden. Reinlichkeit war ein Grundgebot: „Wenn einer die Sachen des Klosters verschmutzen lässt oder nachlässig behandelt, werde er getadelt." Auch dem heiligen Benedikt war klar, dass sich mit Beten allein nicht alles richten lässt. So regelte er ausführlich das Verhältnis von Arbeit und geistlichen Übungen. „Müßiggang ist der Seele Feind. Deshalb sollen die Brüder zu bestimmten Zeiten mit Handarbeit, zu bestimmten Stunden mit heiliger Lesung beschäftigt sein." Überraschend viel Raum widmet Benedikt in seinem Regelwerk dem Pförtner. Sein sozialer Rang war damals viel höher als der vergleichbarer Berufe heute. Für Benediktus ist der Pförtner der Knotenpunkt zwischen innen und außen, zwischen der harmonischen Welt innerhalb des Klosters und der chaotischen

Im Kloster des Mittelalters wird der Garten wieder entdeckt und gepflegt. Gewiss ist der „Meister des Paradiesgärtleins" bei seinem Bild um 1410 auch von der Wirklichkeit eines Klostergartens inspiriert worden.

Welt draußen. Dieser Posten soll mit einem besonders zuverlässigen Bruder besetzt werden, dessen Zelle direkt neben der Pforte liegt.

Im Übrigen empfiehlt Benedikt im Sinne der klösterlichen Autarkie: „Das Kloster soll, wenn möglich, so angelegt werden, dass sich alles Notwendige, nämlich Wasser, Mühle und Garten, innerhalb des Klosters befindet und die verschiedenen Arten des Handwerks dort ausgeübt werden können." Denn so „brauchen die Mönche nicht draußen herumzulaufen, denn das ist für sie überhaupt nicht gut".

Der Johannisturm auf Burg Stolpen in Sachsen, in dem August der Starke (1670–1733) seine Ex-Mätresse, die Gräfin Cosel, gefangen setzte. Rechts an der Außenseite des Turms ist die charakteristische „Nase" zu erkennen, durch welche die Fäkalien des Abtritts und andere Abfälle direkt in den Burggraben fielen.

Wie betreibt man eine Burg?

Die Höhenburgen des Mittelalters waren Immobilien, die schwer zu betreiben waren. Ihre Wehrfunktion erforderte Standorte, die jede andere Bequemlichkeit ausschlossen. Sie waren, oft in beträchtlicher Entfernung zu anderen Ansiedlungen, auf möglichst unzugänglichen Höhenlagen erbaut. Sie waren eng. Sie waren aufgrund ihrer exponierten Lage der Witterung besonders stark ausgesetzt. Sie waren wegen ihrer Bauweise und der begrenzten technischen Möglichkeiten

schlecht zu beheizen. Die Wasserversorgung erwies sich in den meisten Fällen als schwierig: Oft wurden im bergmännischen Vortrieb Tiefbrunnen gebohrt; war das nicht möglich, wurden Regenwasserzisternen angelegt. Ebenso problematisch war die Entsorgung der Abfälle.

Am Ende der Ritterzeit schauten die Ritter, jedenfalls die verständigeren unter ihnen, ohne romantische Verklärung auf ihre Lebensverhältnisse zurück. In einem Brief an den Nürnberger Patrizier und Humanisten Willibald Pirckheimer schreibt Ulrich von Hutten: „Die Burg selbst, ob sie auf dem Berg oder in der Ebene liegt, ist nicht als angenehmer Aufenthalt, sondern als Festung gebaut. Sie ist von Mauern und Gräben umgeben, innen ist sie eng und durch Stallungen für Vieh und Pferde zusammengedrängt. Daneben liegen dunkle Kammern, vollgepfropft mit Geschützen, Pech, Schwefel und sonstigem Zubehör für Waffen und Kriegsgerät. Überall stinkt es nach Schießpulver; und dann die Hunde und ihr Dreck, auch das – ich muss es schon sagen – ein lieblicher Duft!"

Ulrich von Hutten, Humanist und Ritter (1488–1523)

Man kann davon ausgehen, dass Ulrich von Hutten hier die Verhältnisse seines Elternhauses schilderte – und man hört nicht eben Sympathie für die ritterliche Lebensweise heraus. Das Schießpulver, das Hutten erwähnt, wurde nachweislich seit Beginn des 14. Jahrhunderts in Europa zum Abfeuern von Kanonen verwendet – und der Entwicklung der großen Feuerwaffen waren die Mauern der klassischen Ritterburgen auf Dauer nicht gewachsen. Auf Huttens Burg hatte sich abgespielt, was auf vielen Adelssitzen stattfand. Sie war 100 Jahre vor Ulrich von Huttens Geburt gebaut worden, anstelle einer anderen, wiederum ein Jahrhundert zuvor zerstörten Vorgängerburg. 1423 wurde das Anwesen zu einer sogenannten Ganerbenburg, das heißt sie gehörte einer ungeteilten Erbengemeinschaft gemeinsam. Mehrere Zweige der Familie bewohnten nun nebeneinander dieselbe Burg, schufen sich ihre separaten Wohnbereiche, nutzten aber bestimmte Einrichtungen gemeinschaftlich. Dieser Zwang, auf engstem Raum zusammenzuleben, ergab sich häufiger; auch auf der Burg Eltz, einer der berühmtesten und heute als touristisches Ziel beliebtesten Burgen Deutschlands, prägte er das Bau- und Umbaugeschehen über lange Zeit. Auf Burg Eltz wohnten seit einer Erbteilung 1268 drei, seit 1440 noch zwei Linien der Familie Eltz, welche die Burg als gemeinschaftlichen Besitz hielten, aber mittels getrennter Haushaltungen bewirtschafteten. Das hatte – auf engsten Raum – zahlreiche Umbauten, technische Modernisierungen und Instandsetzungen zur Folge, die man noch heute gut nachvollziehen kann.

Burg Eltz auf dem 500-DM-Schein der Deutschen Bundesbank von 1964

Rückschlüsse auf die Art, auf welche Weise der Bau und die Instandhaltung der Burgen organisiert war, lässt die mittelalterliche Abgabenordnung zu. So gab es in Österreich das sogenannte *Burgwerk*, einen Personaldienst, der dem Zweck der Anlage und Instandhaltung von Befestigungen diente. So wie das Recht zum Burgenbau überhaupt ursprünglich ein Königsrecht war, das später an die Landesherren überging und von ihnen an Vasallen verliehen werden konnte, so wurde auch

Hätte aktives Gebäudemanagement hier helfen können? Die Grafen von Gleichen, die einst auf der Burg Wandersleben residierten, bauten sich lieber ein komfortables Schloss in der nächstgelegenen Kleinstadt und gaben die Burg auf. Die Dächer zerbrachen, die Decken stürzten ein und die Gebäudereste verfielen.

der Burgwerksdienst außer vom Landesherrn selbst nun mehr und mehr von dessen Vasallen beansprucht.

Die Bau- und Nutzungsgeschichte vieler Burgen ist durchzogen von Um- und Anbauten, Erweiterungen und Veränderungen. Burgen, die mit der fortschreitenden Wehrtechnik nicht Schritt halten konnten, wurden aufgegeben oder ihrer Wehrhaftigkeit entkleidet. Hin und wieder versuchte man sie in halbwegs komfortable Wohnschlösser zu verwandeln. Mit wechselndem Erfolg.

Modernisieren, Sanieren, Umbauen – heute Kerngebiete des Gebäudemanagements – waren damals Vorgänge, über die man sich nicht lange den Kopf zerbrach. Man legte einfach los. Manchmal mit weitreichenden Folgen, die sich erst nach Jahrhunderten zeigten. So gab noch in den 1970er-Jahren in der Burg Ranis in Thüringen eine Geschossdecke nach. Man hatte, stellte sich bei der Untersuchung des Schadens heraus, bei den Umbauten zurückliegender Epochen die unterschiedlichen Geschosshöhen angeglichen, indem man tonnenweise Schutt und Steine auf die Balkenlagen aus dem 16. Jahrhundert schüttete. Man baute, bis sich die Balken bogen.

1912 angefertigte Rekonstruktion des Palastes des Diokletian, der an der Stelle des heutigen Split um 300 erbaut wurde.

Die Wiedergeburt der Städte

Beim Niedergang der Römerzeit gegen Ende des 5. Jahrhunderts lagen die meisten Städte verlassen. Selbst große Kaiserstädte wie Trier verödeten und beherbergten in der germanisch-fränkischen Zeit nur einen Bruchteil der früheren Einwohnerschaft – manchmal nicht mehr als fünf bis zehn Prozent der früheren Bevölkerungsstärke. Dramatischer noch als der Rückgang der Bevölkerung wirkte sich der Wechsel der Produktionsweise auf das Schicksal der Städte aus: In einer agrarischen Gesellschaft ohne nennenswerten Fernhandel und mit bescheidenem technologischen Niveau waren sie schlicht überflüssig. Die wenigen Städte, die erhalten blieben, verdankten ihr Überdauern meist einer Kirche, die Sitz eines Bischofs war. Die verbliebenen Bewohner zogen sich auf einen engeren Bezirk zurück, innerhalb der alten Stadtmauern wurde sogar Landwirtschaft betrieben.

Die Stadt im Palast

Ein Beispiel für die totale Umwidmung überkommender Facilities ist die Stadt Split an der dalmatinischen Küste Kroatiens.

Nach dem Ende der Römerzeit wurden die Umfassungsmauern, die einst den Alterssitz des in den Ruhestand getretenen Kaisers Diokletian (um 240–312) schützten, als Stadtmauern der Altstadt von Split genutzt. An die Stelle der großzügigen Palastanlage von Spalatum mit Vorratsräumen, Gärten und Wohnbauten für den Ex-Kaiser und sein Personal trat im 7. Jahrhundert – der Palast war längst verlassen worden – eine kleinteilige Bebauung von bescheidenen Ausmaßen.

Die Altstadt von Split inmitten Mauern des Palastes des Diokletian im Vergleich

Die Größe der ummauerten Fläche von 215 mal 180 Meter Seitenlänge reichte für eine frühmittelalterliche Stadt vollkommen aus; erst nach längerer Zeit wuchs die Stadt langsam über die ehemaligen Palastmauern hinaus. Die verschiedenen Stadtherren hinterließen ihre Spuren in Split: Erst waren es – nach den Römern – die Byzantiner, dann, nach der slawischen Einwanderung, die Kroaten. Lange Jahre gehörte Split zur Republik Venedig und schließlich – unter dem italienischen Namen Spalato – zur Habsburger Monarchie.

Anstelle einer organisierten, wohl verwalteten Entwicklung einer Liegenschaft fand hier eine eher spontane, auf Improvisation gegründete Aneignung des Vorgefundenen statt. Der Lebenszyklus des Diokletian-Palastes war augenscheinlich abgelaufen. Er hätte unter anderen Umständen auch – wie viele andere römische Bauten in Europa – als Steinbruch dienen können. Hier aber machten sich die späteren Einwanderer zunutze, was sie vorfanden. Sie verlängerten den Lebenszyklus dieses nutzlos gewordenen Palastes, indem sie ihn zur Stadt umwidmeten. Auch in anderen Städten, die auf die Römerzeit zurückgingen, lässt sich das feststellen. Aus Thermen wurden Kathedralen, einstige Amphitheater wurden in die neue Stadtbefestigung einbezogen und wenn, wie in Segovia, ein römisches Aquädukt die Zeiten überdauert hatte (siehe Abb. Seite 26), dann wirkte die nachrömische Bebauung erst recht bescheiden gegenüber den bautechnischen Meisterwerken der Römer.

Die Stadt, die niemals fertig wird

Das Frauentor – ein bis heute gut erhaltener Teil der Stadtbefestigung Mühlhausens in Thüringen

Die mittelalterliche Stadt ist eine Dauerbaustelle. Sie wird niemals wirklich fertig. Ganz anders als die planmäßigen Stadtentwicklungen oder -erweiterungen aus der Zeit des Absolutismus (denkt man etwa an Karlsruhe, das 1715 am Reißbrett planmäßig als strahlenförmig vom Residenzschloss ausgehende Stadtanlage entworfen wurde, oder die Neubebauung der Dresdner Neustadt durch August den Starken nach dem Stadtbrand von 1685) entwickeln sich mittelalterliche Städte meist nicht nach einem vorausschauend entwickelten Gesamtplan. Das Ganzheitliche, das manche antiken Städte vom Moment ihrer Gründung ausstrahlen, müssen sich die mittelalterlichen Städte erst mühsam aneignen. Ausnahmen bilden hier die planmäßigen Gründungen und Stadterweiterungen, bei denen entweder starke Stadtherren eine herausragende Rolle spielen oder starke Korporationen – wie die Hanse – das Sagen hatten.

Die Bedrohung durch äußere Feinde wirkte als integratives Moment im Inneren. Die Stadt fungierte als Großburg, als kommunale Festung. Um 1200 wurden viele der größeren Städte mit Stadtmauern versehen. Das Sicherheitsbedürfnis war groß; die Stadtbevölkerung wollte nicht länger Zahlmeister der vielen Adelsfehden sein. Die Reichsstadt Mühlhausen in Thüringen – um 1400 mit 10.000 Einwohnern eine Großstadt – hatte einen 2,7 Kilometer langen Mauerring mit sieben Doppeltoren und 38 Wehr- und Kanzeltürmen, gebaut um 1200, zwanzig Jahre, nachdem Heinrich der Löwe die ungeschützte Stadt erobert hatte. Für die Erhal-

Der Große Brand von London 1666; vom Südufer der Themse aus gesehen

tung der Wehranlagen waren die verschiedenen Zünfte zuständig. Dass gerade im eher statischen, sozial undurchlässigen und durch Zünfte und Korporationen geprägten Mittelalter die Städte beständig sich selbst infrage stellten, mag heute verwundern. Aber genau so war es. Selbst bei ihren Rathäusern haben sich die Stadtbürger nicht immer als planvolle Bauherren gezeigt. So stellt das Rathaus von Mühlhausen heute ein einzigartiges „Architekturmuseum" dar, in dem man Bauphasen von 1300 über die Renaissance bis ins 18. Jahrhundert verfolgen kann.

Die alten Städte stellten sich aber nicht nur aufgrund baulicher Veränderungen ständig infrage, sondern auch wegen der häufigen Stadtbrände. Gebäude sollen ja ihrer Bestimmung nach dem Menschen Schutz und Sicherheit geben. Doch bei der traditionell engen Bauweise der mittelalterlichen Stadt und bei der Verwendung von reichlich Holz als Baumaterial hatten auch die Flammen reichlich Nahrung, wenn sie einmal außer Kontrolle gerieten. Es gibt kaum eine Stadtchronik, die nicht von verheerenden Stadtbränden zu berichten weiß. Die Kette der Katastrophen reicht bis in die Neuzeit, denn bis zum Zeitalter der Industrialisierung hat sich die Struktur der Städte kaum verändert. Auch die Methoden der Brandbekämpfung haben sich kaum weiterentwickelt. Drei Beispiele: Der Stadtbrand von Höchst in der Nähe von Frankfurt am Main vernichtete 1586 mehr als die Hälfte der 100 Häuser und etliche Scheunen der kurmainzischen Kleinstadt. Beim Brand Altendresdens (der späteren Dresdner Neustadt) brannten 1685 insgesamt 336 Häuser – faktisch die ganze Stadt – ab; Jahrzehnte später erst machte man sich an den systematischen Wiederaufbau. Der Londoner Stadtbrand von 1666, einer der schlimmsten in der Geschichte, äscherte 13.000 Häuser ein und zerstörte 87 Kirchen. Der Große Brand von London wütete vier Tage lang, zerstörte vier Fünftel der alten City of London und die meisten der gotischen Gebäude der Stadt, rund 100.000 Menschen wurden obdachlos.

Nach solchen gewaltigen Brandkatastrophen versuchte man wenigstens im vorbeugenden Brandschutz – durch Verschärfung der Bauordnung – etwas mehr Sicherheit zu schaffen. Heute gehört das Thema Brandsicherheit bereits in der Planungsphase eines Gebäudes zu den Kernelementen des Facility Managements.

Das Leben wird bürgerlich

Es scheint zunächst einmal ein Widerspruch zu sein: In der hohen Zeit der höfischen Kultur soll das Leben bürgerlich werden? Der Widerspruch ist aber nicht scheinbar, sondern sehr real. Welten prallten aufeinander. Und das führte zur Großen Französischen Revolution von 1789. In deren Folge entwickelte sich jener Wertekanon von Freiheitsvorstellungen und Menschenrechten, den wir heute für selbstverständlich halten.

Höfisches Leben – galante Feste

Das Schloss von Versailles ist seit der Zeit Ludwigs XIV. der Inbegriff des Stein gewordenen Absolutismus. 1682 zog der Hof dahin um. Ludwig XIV. wollte Frankreich von Versailles aus regieren. Aber nicht nur der König selbst, seine Familie

Blick auf den Nordflügel der insgesamt 570 Meter langen Gartenfassade des Schlosses von Versailles

und die engsten Mitarbeiter lebten hier. König Ludwig XIV. zwang den größten Teil des Hochadels, in Versailles Quartier zu nehmen. Er hatte die Herzöge und Grafen unter Kontrolle, damit sie nicht in ihren Adelsnestern auf dumme Gedanken kamen und Aufstandspläne ausheckten. Sich dem zu entziehen hieß, beim König in Ungnade zu fallen. Und der König hatte umgekehrt keine bessere Möglichkeit, jemanden zu deklassieren, als ihm seine Gnade zu entziehen und ihn (oder sie) vom Hof in Versailles zu verbannen.

Schloss Versailles mit Bauplatz, Gemälde von Pierre-Denis Martin (1722)

L' État c'est moi

Indem Ludwig XIV. den Hochadel an seinen Hof holte, unternahm er den Versuch, „sein Land als sein persönliches Besitztum, als Erweiterung des Hofhalts zu organisieren", wie der Soziologe Norbert Elias (1897–1990) schrieb.

Baulicher Ausdruck, die Welt so zu sehen, war der berühmte Spiegelsaal. Er wurde zwar auch als Festsaal und für Staatsempfänge benutzt, diente im Alltag des Hofes aber als große überdachte Promenade, auf der man seine Anwesenheit bei Hofe zeigte. Hier präsentierten sich auch Adlige, die nicht zum engeren Kreis des König gehörten und ihn nicht direkt ansprechen durften, aber darauf hofften, vom Monarchen bemerkt und seines allerhöchsten Kopfnickens gewürdigt zu werden. Das tägliche Hofleben spielte sich seit 1684 vor diesen Spiegeln ab.

Wenn man wissen will, wie der absolutistische Staat funktionierte, muss man sich anschauen, wie der Hausstand Ludwigs XIV. funktionierte. Denn der „Hof" des ancien régime ist im

Blick entlang der Fensterfront des Spiegelsaals in Versailles. 1684 vollendet, war er mit 73 Meter Länge und 13 Meter Tiefe einer der größten Räume des Schlosses. Aufgrund seiner Größe war er nicht heizbar.

Grunde nichts anderes als die sehr stark ausgeweitete Haushaltung des französischen Königs, seiner Familie und aller Personen, die in irgendeiner Weise dazugehörten oder einen Beitrag dazu zu leisten hatten.

Würdenträger, Domestiken und Lakaien

Damit die glänzenden Feste und Empfänge des Hofes, der sich für die eigentliche Welt hielt, tatsächlich stattfinden konnten, bedurfte es eines großen logistischen Aufwandes. Und es bedurfte einer beträchtlichen Menge Personals. Die Rangordnung und die Funktionen des Führungspersonals waren in allen Adelshäusern ähnlich, mögen sich auch die Bezeichnungen im Einzelnen unterschieden haben.

Kammerdiener aus der Zeit Ludwigs XIV.

André Le Nôtre (1613–1700) war der Hofgärtner Ludwigs XIV. und Schöpfer des Parks von Versailles. Schon sein Vater war Palastintendant und Erster Gärtner des Tuileriengartens gewesen.

Da gab es zunächst den *Hausintendanten*, der für den Herrn oder die Dame alles Geschäftliche erledigte – gewissermaßen als Generalmanager seiner Herrschaft. Dieser Posten wird auch heute noch besetzt – in der obersten politischen Etage der Demokratie. So werden die organisatorischen Dinge im Alltag des Bundespräsidenten von einem Hausintendanten geregelt, der sich durchaus als eine Art moderner Maior domus verstehen darf.

Sodann finden wir den *Maître d'Hôtel*, der das Hauspersonal überwachte. Er hatte die Verpflichtung, das Anrichten der Tafel zu organisieren. Aus ihm ging später der gleichfalls so benannte Restaurantleiter in Gastronomie und Hotellerie hervor.

Bei den oberen Hofchargen überschnitten sich oft tatsächliche Funktionen mit den zeremonialen Ämtern. Aber so wichtig die Etikette auch war, allein mit Zeremonien hätte der komplexe Apparat „Hof" nicht funktioniert. Und so arbeiteten „bei Hofe" auch eine Menge Menschen, die zwar zum Hofstaat gehörten, selbst aber gar nicht hoffähig waren. Oft waren gerade sie die Spezialisten, ohne die das Hofleben nicht hätte aufrechterhalten werden können. In Versailles waren es zeitweilig 15.000 Menschen und mehr, die den Hofstaat im eigentlichen Sinn bildeten. Im Ort Versailles, der zuvor ein unbedeutender Flecken gewesen war, siedelten sich darüber hinaus bis zu 100.000 Menschen an – Handwerker und Dienstboten der verschiedensten Gewerke. Irgendjemand musste das Silber putzen und das Geschirr abwaschen. Jemand musste das Schloss sauber halten und die Wäsche reinigen. Jemand musste die Unmengen an Parfümen herbeischaffen, welche die Damen und Herren des Hofes verbrauchten. Oder das Honigwasser anrühren, mit dem Liselotte von der Pfalz, die Schwägerin des Königs, sich morgens zu waschen pflegte. Und irgendjemand musste die fantastischen Barockgärten anlegen und pflegen, in denen sich der Hof erging. Im Park von Versailles fanden schließlich die spektakulärsten Feste der Zeit statt. Und nicht anders als bei den heutigen Gartenpartys war anschließend immer allerhand aufzuräumen.

Kurz vor der Französischen Revolution bestand der Hofstaat des Königspaares immer noch aus 10.000 Personen, etwa 5000 lebten und arbeiteten direkt im Schloss. Eine „Elite" von etwa 1000 Adligen bildete die höfische Gesellschaft; die übrigen waren Kammerfrauen, Köche, Leibwachen, Boten, Kerzenanzünder und andere Bedienstete. Der Versailler Hof war wie ein großer Wirtschaftsbetrieb, eine

Stadt unterm Schlossdach, mit Wohnungen, Arbeitsräumen, verschiedenen Küchen Depots – und nicht zuletzt Vergnügungsstätten. Fast immer war das Schloss überbelegt. Große Annehmlichkeiten bot es den Anwesenden so auch nicht; die meisten Adligen hätten auf ihren eigenen Landsitzen bequemer gelebt, wäre ihre Anwesenheit bei Hofe nicht vom König erzwungen worden. Trotz der enormen Summen, die man in Versailles verbaut hatte, war immer möglichst billig gebaut worden, manchmal so billig, dass die Türen und Fenster nicht schlossen, die Kamine nicht zogen und viele Räume überhaupt nicht heizbar waren.

Gartenkunst

Der Park von Versailles hat die höfische Kultur Europas nachhaltig beeinflusst. Der Hofgärtner Le Nôtre wirkte prägend; sein Gartenstil verbreitete sich als „französischer Garten" von Potsdam bis zum russischen Schloss Peterhof. Dabei wurden in Versailles nicht nur gärtnerische und gartenarchitektonische Höchstleistungen vollbracht, sondern auch ingenieurtechnische Wunder geschaffen. Für die Wasserspiele im Park musste im acht Kilometer entfernten Marly Wasser aus der Seine gepumpt werden. Insgesamt 14 große Wasserräder und über 250 Pumpen entlang der 160 Kilometer Rohrleitungen waren zu betreiben. Deren Leistung reichte nicht aus, um gleichzeitig alle Fontänen im Park zu betreiben. Und so sprudelten immer nur die Wasserspiele, die gerade in Sichtweite des Monarchen lagen. Diese Illusion aufrechtzuerhalten gehörte zu den bemerkenswertesten Leistungen des damali-

Der Park von Versailles

gen Gartenpersonals. Zum Ende der Regierungszeit Ludwigs XIV. schaffte es die „Maschine von Marly" gerade noch, die ununterbrochene Wasserversorgung für zwei Stunden zu gewährleisten.

Abseits der höfischen Feste – und heute abseits der Touristenströme – blühte der Gemüsegarten des Königs. Dieser Nutzgarten, von Jean-Baptiste de La Quintinie keineswegs schmucklos, sondern als Barockgarten vorbildlich angelegt und nach den neuesten Anbaumethoden betrieben, erwirtschaftete jährlich große Mengen Obst und Gemüse für den Hof, daneben zahlreiche Gewürzkräuter. Schon zur Zeit des Sonnenkönigs gab es beheizte Gewächshäuser, Hoch- und Frühbeete. De La Quintinie konnte seinen König auch außerhalb der Saison mit Edelgemüse erquicken. Selbst mit exotischen Gewächsen wie Kaffee, Ananas und Bananen wurde experimentiert.

Jean-Baptiste de La Quintinie (1624–1688), der Gemüsegärtner des Königs

Bezeichnenderweise reichten Finanzkraft und Ingenieurskunst seinerzeit nicht aus, um im Schloss Versailles eine Vollversorgung mit Wasser zu sichern. Badekabinette standen nur den Allerhöchsten zur Verfügung. Fest installierte Toiletten gab es nicht, stattdessen wurden in Versailles zur Zeit des Sonnenkönigs 270 mobile Leibstühle verwendet, die von entsprechendem Personal geleert und gereinigt wurden. Aber diese Dienstboten traten dem König natürlich nicht persönlich unter die Augen. Die Ehre, dem König das „Bassin" zu reichen, kam nur einem hoffähigen Adligen zu.

Sicher sind 270 Mobiltoiletten für die vielen Tausende am Hof auch nicht zu reichlich gewesen. Aber dass man sich in Versailles einfach hinter irgendwelchen Vorhängen entleert habe, ist eine Legende. Immerhin weiß man: Als die französischen Revolutionäre das Mobiliar des Schlosses Versailles versteigerten, waren darunter 2000 Nachtstühle und 700 Badewannen!

Die Manager des Hofes

Auch an deutschen Höfen entwickelten sich ähnliche Organisationsmuster. So stand an der Spitze der kaiserlichen Hofhaltung der Habsburger Monarchie seit dem 16. Jahrhundert der *Obersthofmeister*, der neben repräsentativen und zeremoniellen Ehrenfunktionen auch Leitungs- und Kontrollfunktionen in der gesamten Hofhaltung innehatte. Ihm unterstand die gesamte Hofwirtschaft (einschließlich Keller, Küche und Tafel), er fungierte als Zeremonienmeister bei allen feierlichen Anlässen und führte die Disziplinaraufsicht über den Hofstaat und war für alle wirtschaftlichen Fragen zuständig.

An den anderen Fürstenhöfen entsprach dieser Funktion das Amt des *Oberhofmarschalls* bzw. des Hofmarschalls. *Pierer's Universal-Lexikon* von 1857 führt zu diesem Amt aus: „Seiner Sorge ist hauptsächlich die Hofökonomie anvertraut; er führt daher die Aufsicht über das sämtliche Hauswesen des Hofes, sorgt für Erhaltung der gehörigen Ordnung und Reinlichhaltung innerhalb des Schlosses (da wo dies einem besonderen Hofbeamten aufgetragen ist, führt derselbe den Namen Hausmarschall), hat die Oberaufsicht über die Hofkellerei und Hofküche und über die Anordnung der Tafel, deren spezielles Arrangement eigene Tafeldecker besorgen, und hat die sonstigen bei Hofe vorkommenden Aufgaben unter sich."

Der Oberhofmarschall oder der Hofmarschall managte, auch wenn man den Begriff damals noch nicht kannte, sämtliche Facilities eines Fürstenhofes. Das umfasste auch die herrschaftliche Tafel. Ihm standen für besondere Aufgaben aber auch Spezialkräfte zur Seite wie der Hofquartiermeister, der nicht nur für die Unterbringung des Stammpersonals zuständig war, sondern besonders dann in Aktion trat, wenn ein Hof auf Reisen war, die Sommerresidenz bezog, eine fürstliche Gesellschaft sich auf einem entlegenen Jagdschloss vergnügte usw. Diese Nebenresidenzen waren oft unmöbliert und wurden nur während der Anwesenheit des Fürsten oder für einen besonderen Anlass ausgestattet. Hierbei durften besondere Fähigkeiten im Flächenmanagement erwartet werden, aber auch Erfahrung in der Personalführung, denn auch der letzte Stallbursche hatte so zu spuren, dass das ganze System reibungslos funktionierte und die fürstlichen Herrschaften möglichst nichts davon mitbekamen, was mit physischer Arbeit zu tun hatte.

Friedrich Wilhelm von Steuben wurde 1764 – lange vor seiner militärischen Karriere in Amerika – Hofmarschall des Fürsten Josef Friedrich Wilhelm von Hohenzollern-Hechingen.

Das bürgerliche Haus

Was am Hofe des französischen Königs Mode war, wurde auch an anderen Fürstenhöfen übernommen und noch im bescheidensten Herrenhaus nachgeahmt. Und es strahlte schließlich ab auf den bürgerlichen Hausstand. Als der sächsische Adlige Hans Georg von Carlowitz im Herbst 1805 auf „Wohnungssuche" in Dresden war, schilderte er in einem Brief an seine Frau ein typisches Haus am Neustädter Markt – ein Gebäude, das heute leider nicht mehr steht: „Die Lage des Hauses ist entzückend schön, man sieht aus allen Zimmern den Markt und die Hauptstraße und aus den mehrsten die Elbe und die Brücke, letztere so nahe, dass man mit den Leuten, die auf der Brücke gehen, reden kann. Das Quartier besteht aus zwölf Stuben, wovon acht nach dem Markte oder der Brücke und vier in den Hof gehen. Die Eckstube wäre zu deiner Visitenstube sehr bequem und hat zwei Fenster nach dem Markte und drei nach der Brücke. Übrigens gehören zu dem Quartier drei Kammern, zwei Küchen, wovon wenigstens eine groß genug zu sein scheint, Stallungen zu vier Pferden, ein verschlossener Boden zu Vorräten, ein verschlossener Keller, ein Speisegewölbe an der größeren Küche und verschlossene Holzplätze zu drei Schragen Holz. Wenn man durch den Hof des Hauses geht, kommt man in einen kleinen Garten, 43 Schritte lang und 209 Schritte breit, der mit Bäumen, Wein und Gartengewächsen besetzt ist, übrigens aber, eingeschlossen von den hohen Giebeln der benachbarten Häuser, als Garten eben nicht viel Reize hat."

„Häuser baut man zum Wohnen und nicht zum Anschauen; deshalb hat auch die Zweckmäßigkeit den Vorrang vor der Schönheit, ausgenommen, wo man beides vereinigen kann. Man überlasse die nur um der Schönheit willen errichteten Zauberpaläste den Dichtern, die billig bauen."
(Francis Bacon, 1561–1626, englischer Philosoph)

Mit dieser Schilderung ist man weit entfernt vom Hofleben eines französischen Königs. Dafür fällt aber auf, dass der Adlige, der sich in der Stadt niederlassen will, gern ein paar der Vorzüge des Landlebens hinüberzuretten versucht: Geräumigkeit, schöne Aussicht und wenigstens die Andeutung eines Gartens schätzt man auch am Stadthaus.

Diener und Hauspersonal

Adlige pflegten sich nicht über Selbstverständlichkeiten miteinander auszutauschen, und so wird man keine (oder nur sehr wenige) Andeutungen über die Arbeit des Dienstpersonals finden, das erforderlich ist, um die Wohnbedürfnisse der Oberschicht zu befriedigen und den Betrieb eines Hausstandes wie der von Hans Georg von Carlowitz geschilderten Liegenschaft aufrechtzuerhalten. In zeitgenössischen Berichten hört man vor allem dann vom Dienstpersonal, wenn über seine Zuverlässigkeit Klage geführt wird. Intensiver beschäftigten sich die niederländischen Maler mit den Arbeiten, die hinter der Fassade stattfanden. In ihren Gemälden findet man häufiger Hinweise auf die Tätigkeiten, die im Haus ausgeführt wurden, und auf die Menschen, die sie ausführten.

Pieter de Hooch malte um 1660 diesen typischen Hinterhof eines Bürgerhauses in Delft, mit seinen Nebengelassen und der Magd, die der Hausfrau zur Hand geht und zugleich das Kind betreut. Im Vordergrund liegen die hauswirtschaftlichen Werkzeuge.

Carl Maria von Weber, Musikdirektor der Deutschen Oper am Dresdner Hoftheater, reist 1817 allein voraus nach Dresden und sucht eine Wohnung für sich und seine künftige Frau. Schwierigkeiten hat er offenbar mit der Möblierung. Weber – kein armer Schlucker, aber auch kein Krösus – muss sich Mahagonimöbel aus dem Kopf schlagen; sie sind in Dresden viel zu teuer. „Alles hat bloß gebeiztes Zeug", aber damit wird er sich vorerst begnügen müssen. Was er aber unbedingt braucht, worauf ein Mann von 31 Jahren nicht verzichten kann (und wofür er monatlich 8 Taler ausgibt), das ist ein „Bedienter". Er macht die Besorgungen, er beschafft Holz für die Heizung, Öl und Kerzen für das Licht, er sorgt dafür, dass in der Wohnung – und mag sie noch so bescheiden sein – alles am Platz ist und funktioniert. Bürgerlicher Lebensstil erfordert, wenigstens von einem Mann, physische Distanz zu den handgreiflichen Dingen des alltäglichen Lebens. Auch in ihrem ge-

Darstellung des Verhältnisses zwischen Herrschaft und Personal – Pieter van Hooch: Eine Frau gibt ihrer Dienerin Geld (1670)

Carl Maria von Weber (1786–1826) war seit 1817 Königlicher Kapellmeister und Direktor der Deutschen Oper am Dresdner Hoftheater.

meinsamen Haus dürften die Webers nicht ohne Dienstpersonal ausgekommen sein, wenngleich das Anwesen bescheiden genug war, dass die Hausfrau oder der Hausherr persönlich alle überwachenden Funktionen wahrnehmen konnte. In größeren Häusern war entsprechend mehr zu tun und das Personal den ganzen Tag über ausgelastet, wie das Margaret Horsfield für ein englisches Herrenhaus am Beispiel des Tagebuchs einer Hausmagd darstellt: „Die Fensterläden geöffnet und in der Küche Feuer gemacht. Die rußigen Sachen über dem Kehrrichtkasten ausgeschüttelt und den Ruß dort ausgeleert. Die Zimmer und die Halle gefegt und Staub gewischt. Das Feuer im Herd angefacht und das Frühstück raufgebracht. Zwei Paar Stiefel geputzt. Die Betten gemacht und die Waschschüsseln und Wassereimer geleert. Das Frühstücksgeschirr gesäubert und abgewaschen. Die Teller gesäubert, die Messer gesäubert und das Mittagessen aufgesetzt. Saubergemacht. Die Küche geputzt … Auf den Knien die Stufen vorm Haus und die Fliesen geputzt und die Tische gescheuert. Die Fliesen rund ums Haus gescheuert und die Fensterbänke gesäubert … Auf den Knien die Toilette, den Gang und den Küchenfußboden geputzt."

Das *Damen Conversations Lexikon* von 1834 merkt an, dass „verschieden Arbeiten niederer Gattung" in einem herrschaftlichen Haus „auch Personen niederer Herkunft anvertraut" werden können. Dazu gehörte zum Beispiel, Kamine und Kamingitter erst zu putzen und von Asche und Ruß zu reinigen, sodann aber die gusseisernen Teile mit einer Graphitlösung zu schwärzen, damit sie neu und unbenutzt aussahen.

Im bürgerlich geprägten Holland ist der standesgemäße Abstand zum Dienstpersonal weniger stark ausgeprägt. Nicht zufällig überlieferten gerade die niederländischen Genremaler des Barock zahlreiche Szenen, die nicht nur das Hauspersonal als kunstwürdig darstellten, sondern auch unvergleichliche Einblicke in das Alltagsleben des 17. Jahrhunderts erlauben. Viele dieser Gemälde belegen, dass die Frauen das hauswirtschaftliche Regiment führten.

Wirtschaftlichkeit entscheidet

Im Fokus der Aufmerksamkeit steht nun die Wirtschaftlichkeit. Das gilt sowohl für das landwirtschaftlich genutzte Gut des Adels als auch für das einzelne Gebäude, gleich ob in adliger oder bürgerlicher Hand. Insofern wird auch der Lebensstil des Adels bürgerlich. Nach der Französischen Revolution hatten ein Umdenken und ein Wertewandel stattgefunden. Der Adel hatte seine wirtschaftliche Vorrangstellung weitgehend verloren, und politische Privilegien ersetzten die klingende Münze nicht. Auf Wirtschaftlichkeit musste auch der Rittergutsbesitzer achten. Den rauen ökonomischen Wind spürten zuallererst die „leitenden Angestellten", etwa Gutsverwalter und Förster. Die Bewirtschaftung der Güter war ohne hohen Personalaufwand nicht zu schaffen. Qualifiziertes Personal musste vor allem an der Spitze der Ökonomie und der Land- und Forstwirtschaft stehen – und das war nicht immer einfach zu bekommen.

Typische Arbeiten an einem barocken Ziergarten auf einem Gemälde von Abel Grimmer (1607)

Eine gewisse Sonderstellung hatte offenbar der Gärtner. Er bewegte sich oft außerhalb der Gesindehierarchie (Verwalter – Unterverwalter – Oberknecht/Wirtschafterin) und konnte in gewissem Umfang selbstständig handeln, hatte aber auch nicht den Rang eines Försters oder Verwalters.

Als „Besserverdienender" war sein Einkommen dreimal höher als das eines Oberknechts – vor allem aber durfte er, nachdem er die Bedürfnisse des Guts nach Obst, Gemüse und Blumen befriedigt hatte, das darüber hinaus Produzierte auf dem Markt frei verkaufen.

Wenn sich eine Immobilie gar nicht mehr wirtschaftlich halten ließ, versuchte man sie zu veräußern. Die Adelsfamilie Erffa hielt beispielsweise lange am Schloss Niederlind (im heutigen Kreis Sonneberg in Thüringen) fest, obwohl bereits in der Mitte des 19. Jahrhunderts die Betriebskosten enorm hoch waren. Der Unterhalt der Gebäude und Gärten im Verhältnis zu nur geringen Einnahmen aus der zugehörigen Landwirtschaft machten das Schloss zu einem Zuschussobjekt. Die Familie wollte es an den Herzog von Sachsen-Meiningen verkaufen, aber der winkte – nach einem Wirtschaftlichkeitsgutachten – dankend ab. Als ein paar Jahre später Eduard von Erffa das Schloss abermals zu verkaufen versuchte, mahnte ihn sein Bruder Hermann: „Es bliebe nur der Gedanke übrig, Lind aus Pietät für unsere alte, seit drei Jahrhunderten dort ansässige Familie zu erhalten, und da glaube ich nun, dass du … gewiss nicht dulden wirst, dass irgend ein Fabrikant in dem alten ehrwürdigen Hause Webstühle und Spinnmaschinen aufstellt, damit du jährlich eine Mehreinnahme von 1500 Mark haben wirst." Eine Textilfabrik wurde dort zwar nicht eingerichtet, aber 1890 fand sich mit Gustav Luge ein bürgerlicher Käufer, der sich ein Schloss leisten wollte (und wohl auch konnte).

„Der Luxus des 19. Jahrhunderts ging dahin, den Komfort, den man den demokratischen Luxus nennen könnte, so zu verbreiten, dass dem kleinen und kleinsten Mann Bequemlichkeiten, Vorteile und Genüsse zur Verfügung standen, wie sie einst erlesenen Kreisen kaum oder gar nicht zugänglich waren." (Alexander von Gleichen Russwurm, aus dem Buch: Das Kulturbild des 19. Jahrhunderts)

Industrialisierung: Die Technik hält Einzug

Mit der Industrialisierung kam im 19. Jahrhundert die Technik und mit der Technik kam – erst zaghaft, aber letztlich dominierend – auch die Haustechnik. Die Einrichtungen einer Immobilie, sei es ein Privathaus, sei es ein öffentliches Gebäude, wurden immer komplexer und veränderten den Wohn- und Lebensstil grundlegend.

Das Eindringen der Gebäudetechnik in die Immobilie erfolgte nicht gleichmäßig und synchron, sondern es gab „Pioniere“, die sich der Technik besonders bereitwillig öffneten – vornehmlich öffentliche Einrichtungen.

Gas und Strom – moderne Energie für das Haus

Vorreiter der Elektrifizierung waren die öffentliche Straßenbeleuchtung und die Theater. Die eine, weil es aus ordnungs- und sicherheitspolitischen Gründen geboten schien, die Stadt nachts nicht im vollständigen Dunkel zu lassen, die anderen, weil gerade von Theatern immer wieder die furchtbarsten Brandkatastrophen ausgegangen sind. Theater erfordern künstliche Beleuchtung und Theater sind angefüllt mit leicht brennbaren Materialien; wo die künstliche Beleuchtung aus offenem Licht bestand, da waren die Katastrophen gleichsam programmiert.

Installation einer Gaslaterne, 1890

Mit Gas begann's

Vorläuferin der elektrischen Beleuchtung war die Gasbeleuchtung. Sie ist ein Kind der Industrialisierung und verbreitete sich seit Anfang des 19. Jahrhunderts in ganz Europa. 1807 brannten die ersten Gaslaternen auf der Pall Mall in London. In Berlin (genauer gesagt in Kreuzberg) entstand an der Gitschiner Straße 1826 das erste Gaswerk und schon drei Jahre später zählte man 1800 Gaslaternen. Der Cafetier Carl Steinhardt, der Anfang 1827 das „Caffeehaus Unter den Linden No. 45“

übernommen hatte, erklärte in einer Anzeige: „Um meinen resp. Gästen den Aufenthalt möglichst angenehm zu machen, habe ich mein Lokal mit Gas erleuchten lassen."

Mit der Industrialisierung hatte sich die Lebensweise geändert. Der Arbeitstag wurde nicht mehr durch Sonnenauf- und -untergang geregelt wie in bäuerlichen Gesellschaften, sondern folgte festen Uhrzeiten. Die Maschinen der modernen Industrien sollten so lange wie möglich betrieben werden, um ihr Kapital zu amortisieren und die lebendige Arbeit derer, die sie bedienten, in Mehrwert zu verwandeln. Das Bedürfnis nach künstlicher Beleuchtung wuchs. Stadtgas, auch Leuchtgas genannt, erzeugt eine charakteristische blaue Flamme, die nicht gerade durch Leuchtkraft überzeugt. 1885 erfand Carl Auer von Welsbach den Glühstrumpf, der in der Gaslampe wie ein Docht wirkte. Erst jetzt ging den meisten Haushalten mittels Gas wirklich ein Licht auf. Um 1900 war die Versorgung der Haushalte und Geschäfte mit Gaslicht in den Großstädten weit fortgeschritten.

Der Österreicher Carl Auer von Welsbach (1858–1929) erfand den Glühstrumpf, dank dessen die blasse Gasflamme erst wirklich Leuchtkraft gewann.

Gleichstrom – Wechselstrom

Kaum hatte sich die Gasbeleuchtung in den Städten, Gewerbebetrieben und Haushalten halbwegs etabliert, trat ein neues Medium seinen Siegeszug an – der elektrische Strom. Anfangs war die Elektrizität noch nicht haushaltstauglich; die ersten Lichtbogenlampen speisten sich aus eigenen Generatoren. 1879 ließ Werner von Siemens die Straße vor seinem Haus mit einer Lichtbogenlampe beleuchten. 1876 installierte man in den Fabrikräumen der Friedrich-Krupp-Werke in Essen Bogenlampen, 1878 im Postgebäude und 1879 in der Kaisergalerie und im Reichstag in Berlin. 1881 waren die 400 Buden und Zelte des Münchner Oktoberfestes erstmals mittels Elektrizität beleuchtet. 1886 wurde die Stromversorgung für das Oktoberfest von der Elektrotechnischen Fabrik J. Einstein & Cie übernommen, bei der Albert Einsteins Vater Teilhaber war. Später errichtete man in den Städten erste Blockkraftwerke, meist von Unternehmern, die ihre eigenen Gewerbebetriebe mit Strom versorgen wollten und eher nebenbei auch an das umliegende Wohnviertel Strom abgaben. Die Grenzen der Gleichstromtechnik waren bald erreicht – der „Stromkrieg", der Streit darüber, ob Gleichstrom oder Wechselstrom das geeignete Medium der massenhaften Elektrifizierung werden könnte, wurde in den USA geführt – zwischen Edison und Westinghouse – und in den USA entschieden. Überall setzte sich schließlich der Wechselstrom durch. Energie ließ sich so über weite Entfernungen ohne Spannungsverlust übertragen. Die Insellösungen der Stromversorgung wurden zu leistungsstarken Stromnetzen zusammengeschlossen. Der Weg für die Elektrifizierung der Haushalte war frei. Interessanterweise wurden die Stromkabel oft durch die überflüssig gewordenen Gasleitungen verlegt, schließlich befand sich der elektrische Kronleuchter an derselben Stelle wie vordem die Gasleuchte: mitten im Wohnzimmer, direkt unter der großen Stuckrosette. In manchen wilhelminischen Bauten findet man unbeschadet aller Renovierungen und Umbauten diese alten Gasleitungen noch heute.

Albert Einstein (1879–1955) als Gymnasiast 1894. In der Firma seines Vaters schraubte er als Hilfskraft im Schottenhamel-Festzelt auf dem Oktoberfest die ersten Glühlampen ein.

Verwirrung unter Juristen

Die Elektrifizierung hatte auch juristische Folgen. Sie brachte nicht nur eine neue Form von Energie, sie zog auch kriminelle Energie an. Ein Problem, mit dem etwa Hausmeister – ein Berufsstand, der umso wichtiger wurde, je größer und technisierter die Liegenschaften waren – immer häufiger konfrontiert wurden: „Stromdiebe" versuchten bereits sehr früh, sich die Segnungen der Elektrifizierung illegal anzueignen. Nach dem im 19. Jahrhundert geltenden § 242 Strafgesetzbuch konnte das nicht einmal als Diebstahl verfolgt werden. Denn Diebstahl war definiert als Wegnahme einer „beweglichen Sache". Und es war unter Juristen durchaus umstritten, dass elektrischer Strom eine Sache sei, denn in einer „Sache" sah man ein körperliches Ding, das man berühren kann – und Berührung empfahl sich bei elektrischem Strom gerade nicht. So musste erst durch Reichsgesetz vom 9. April 1900 der Rechtsbegriff der „Entwendung elektrischer Arbeit" geschaffen werden, die unter Strafe gestellt war, „falls sie mittels eines Leiters, der zur ordnungsmäßigen Entnahme von Arbeit nicht bestimmt ist, in der Absicht rechtswidriger Zueignung erfolgt". Das Strafmaß reichte, je nach Schwere des Vergehens, von Haftstrafen von einem Tag bis zu fünf Jahren oder Geldstrafen bis zu 1500 Mark (nach heutigem Geldwert etwa 15.000 Euro). Zum Vergleich: Der Durchschnittsverdienst der deutschen Arbeiter lag um 1900 bei knapp 70 Mark monatlich, und für ein Abendessen mit Bier berappte man durchschnittlich 70 Pfennig. Heute ist die „Entziehung elektrischer Energie" ein Vergehen nach § 248c StGB.

Typischer Gasherd aus dem frühen 20. Jahrhundert – heute ein Museumsstück

Aber nicht nur gegen illegale Verbraucher musste mit der Schärfe des Gesetzes vorgegangen werden, auch unter den Stromanbietern und bei den Hausverwaltern gab es offenbar schwarze Schafe. So musste schon 1898 mittels Reichsgesetz geregelt werden, dass „Messwerkzeuge, sofern sie zur Bestimmung der Vergütung bei gewerbsmäßiger Abgabe elektrischer Arbeit dienen sollen, nur verwendet werden dürfen, wenn ihre Angaben auf den gesetzlichen Einheiten beruhen". Der Gebrauch falsch anzeigender Messgeräte wurde mit bis zu 1000 Mark oder Haft bis zu vier Wochen bestraft.

Gas zum Kochen

Fast zur gleichen Zeit, als das Gas in die Lampen strömte, wurden in den Küchen neuartige Kochmaschinen eingeführt, sogenannte Sparherde. Sie wurden nach wie vor mit Feuerholz und Kohle betrieben, aber der separate Brennraum mit Rost und Aschenfall ersetzt das vordem offene Herdfeuer mit Rauchmantel. Aber kaum ist das Gas in den Lampen ausgegangen, hat es sich in den ersten Gasherden eine neue Anwendung erobert. „Mannigfache Vorteile gewährt das Kochen mit Gas, das unter vielen Verhältnissen auch billiger ist als das Kochen mit andern Brennmaterialien", las man 1907 im 11. Band von Meyers Großem Konversationslexikon. „Das mit Luft gemischte Leuchtgas brennt mit blauer, nicht rußender und geruchloser Flamme, die viel genauer regulierbar ist als irgendeine andere Feuerung und in dem Augenblick gelöscht werden kann, in dem der Zweck des Kochens erreicht ist... Dazu kommt, dass man jeden Augenblick über die größte Flamme verfügen, also auch eine Speise sehr viel schneller bereiten kann als auf gewöhnlichen Herden, die des Anfeuerns bedürfen." Offenbar eine Revolution in der Küchentechnik, wenn sich ein renommiertes Lexikon so ausführlich darüber verbreitet.

Heizung statt Ofen

Alter Heizkörper mit Jugendstilornamentik und originalgetreuer Armatur, um 1900

Die Heizung musste im Haushalt wahrscheinlich am längsten warten, bis die technische Revolution auch zu ihr durchdrang. Zwar hatte schon 1716 der Schwede Marten Trifvald die erste Warmwasser-Zentralheizung für ein Gewächshaus in Newcastle, England, gebaut, aber bis auf wenige Ausnahmen – Fürstensitze und Häuser wohlhabender Bürger – konnte sich die Zentralheizung bis zum Ende des 19. Jahrhunderts nicht durchsetzen. Gründe dafür waren vor allem die hohen Anschaffungs- und Betriebskosten. Der einzeln gesetzte Ofen war das dominierende Heizgerät. 1876 wurde in New York die weltweit erste Fernheizung gebaut. 1878 wurden die ersten funktionierenden Dampfheizungen auf der Grundlage von Niedrigdruck-Dampfkesselanlagen installiert. 1894 entwickelte Hugo Junkers, der später durch seine Flugzeuge berühmt wurde, in Deutschland den ersten Gasbadeofen. Im gleichen Jahr ließ sich Johann Vaillant den „Gasbadeofen geschlossenes System" patentieren. Die erste Bresche in die konventionelle Heiztechnik war geschlagen und eine neue Anwendung für das Medium Gas im Haushalt war gefunden.

Etagenheizungen für Mehrfamilienhäuser entstanden in nennenswertem Umfang erst nach dem Ersten Weltkrieg. Von da an stieg die Nachfrage aber stetig an, wenn auch der gute alte Kachelofen noch lange nicht ausgedient hatte. Wie gut manche Heizungsanlagen waren, die in den Zwanzigerjahren gebaut wurden, erkennt man daran, dass einige Kessel noch weit bis über die Jahrtausendwende hinaus zuverlässig arbeiteten – und bis zuletzt den geltenden gesetzlichen Normen entsprachen.

1929 erschien zum ersten Mal die Wärmebedarfsberechnung DIN 4701. Die Norm enthielt unter anderem Klimatafeln für eine Vielzahl deutscher und österreichischer Orte, ausführliche Tabellen mit Wärmeleitzahlen von Baustoffen, Wärmedurchgangszahlen und Kennzahlen für die Berechnung von Kesseln und Heizkörpern. Damit wurde die spätere Gebäudebewirtschaftung erstmals schon in der Planungsphase auf eine fachwissenschaftliche Grundlage gestellt. Hier entwickelte sich also mehr und mehr eine ganzheitliche Sichtweise.

„Brandgefährlich"

Gas und Elektrizität lösten eine Reihe von Problemen, schufen aber gleichzeitig neue Probleme. Diese technischen Medien bedurften der Einübung, auch die Behörden mussten aus Unglücksfällen erst lernen und schließlich neue Vorschriften entwickeln.

Gefährlich war der Umgang mit Leuchtgas. Bei unsachgemäßem Gebrauch konnte Gas ausströmen, ohne dass der Brenner in Betrieb war. Dabei bestand nicht nur Explosions-, sondern auch Vergiftungsgefahr. Leuchtgas enthielt einen hohen Anteil an Kohlenmonoxid. In sozial schwierigen Zeiten wie den Zwanziger- und Dreißigerjahren waren auch Selbstmorde mittels Gas an der Tagesordnung.

Auch der Umgang mit dem Wechselstromnetz barg Brandgefahren. Nicht immer waren Leitungen ordnungsgemäß verlegt, oft wurden sie durch bereits vorhandene Medien (zum Beispiel unbenutzte Gasrohre) geführt. Auch der Umgang mit den technischen Geräten, die mit Strom betrieben wurden, war ungewohnt, und die Risiken, die von defekten Leitungen und Anschlüssen ausgingen, wurden unterschätzt. Elektrische Bügeleisen und Heizsonnen – die neuesten Errungenschaften der Technik – wurden immer beliebter, im Umgang gab es jedoch häufig noch Bedienungsfehler, die zu Wohnungsbränden führen konnten. „Stromklau" und die Überbrückung von Sicherungen waren an der Tagesordnung. Zusätzliche Brandgefahren gingen von ungenehmigten Umbauten aus. So musste die Baupolizei gegen „eigenhändig" installierte Zusatzheizungen vorgehen, die von Mietern kurzerhand an bereits vorhandene Schornsteine angeschlossen wurden.

Auch in den gewerblich genutzten Objekten hielt die Technik Einzug. Das machte erweiterte Maßnahmen des vorbeugenden Brandschutzes erforderlich. Feuerlöscher und Brandbekämpfungsmittel wurden an neuralgischen Punkten angebracht. Fast noch wichtiger waren die Aufklärungskampagnen, mit denen auf die Gefahren des unsachgemäßen Umgangs mit feuergefährlichem Material aufmerksam gemacht wurde. Nicht zuletzt waren Ordnung und Sicherheit sowohl in Wohn- als auch Gewerbeimmobilien die besten Voraussetzungen für den vorbeugenden Brandschutz; die Gebäudereinigung und -wartung, gleich ob von externen Anbietern oder in Eigenregie durchgeführt, erlangte zentrale Bedeutung für das Gebäudemanagement. Unternehmen müssen heute nach BGV A3 für die elektrische Sicherheit mittels regelmäßiger Prüfungen sorgen.

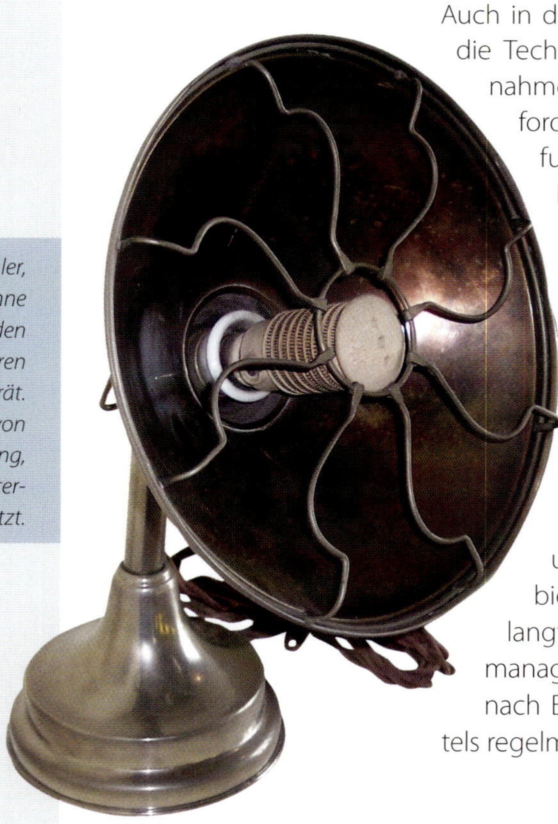

Radial-Heizstrahler, gemeinhin Heizsonne genannt – ein seit den Dreißigerjahren beliebtes Elektroheizgerät. Die Brandgefahr, die von solchen Geräten ausging, wurde anfangs unterschätzt.

Vom Keller bis zum obersten Stock

Die meisten erhalten gebliebenen Paternoster stehen heute unter Denkmalschutz.

Mit der immer dichteren Bebauung der großen Städte wuchsen um 1900 auch die Geschosszahlen der Gebäude. Die Obergeschosse wurden nicht mehr allein durch Treppenhäuser erschlossen, sondern immer häufiger durch Personenaufzüge. Pioniere waren auch hier die gewerblich genutzten Objekte. Hotels beispielsweise rühmten sich ihres besonderen Komforts, wenn sie ihren Gästen das lästige Auf und Ab auf den Hoteltreppen ersparen konnten. Und in den Geschäfts- und Bürohäusern, die sich in den Innenstädten ausbreiteten, wurden die Aufzüge nicht nur für den Personenverkehr, sondern auch für den Gütertransport genutzt.

Elektrisch betriebene Aufzüge in Mehrfamilienhäusern waren anfangs eine Seltenheit. Die Aufzugschächte konnten bei geradläufigen Treppen im – meist rechteckigen oder quadratischen – Treppenauge untergebracht oder auch nachträglich eingebaut werden. Die technische Einrichtung wurde nicht, wie später regelmäßig, hinter der Wand in einem gemauerten Aufzugschacht versteckt, sondern im Gegenteil mit einem gewissen Stolz präsentiert. Die Aufzugsanlage bildete den Mittelpunkt des Treppenhauses, und noch heute besitzen diese alten Aufzüge, wenn sie erhalten blieben und rekonstruiert werden konnten, einen unvergleichlichen Charme.

Später wurden die Aufzüge aus dem Zentrum verdrängt. Das Einzige, was man von ihnen wahrnahm, waren die dezent gefärbten, oft undurchsichtigen Außentüren und die Bedienelemente. Seit den 1990er-Jahren hat sich der Trend genau umgekehrt. Befanden sich in den klassischen Warenhäusern die Aufzüge meist dezentral, in der Nähe der wenig attraktiven Nottreppen – die Verkaufsebenen wurden mittels zentraler Rolltreppenanlagen erschlossen –, so rücken die Aufzüge in den modernen Einkaufszentren und Malls wieder in die Mitte der Anlage. Sie laufen in verglasten Schächten, sie zeigen, dass sie technische Einrichtungen sind, und sie geben den Passagieren beim Auf- und Niederschweben attraktive Einblicke in die Verkaufslandschaften.

In einigen Verwaltungsgebäuden wurden vorwiegend in den 1930er-Jahren sogenannte Paternoster eingebaut. Offiziell heißen sie Personenumlaufaufzug. Die meisten der bis heute noch funktionsfähigen Exemplare stehen unter Denkmalschutz. Der volkstümliche Name Paternoster entstand wahrscheinlich aus der Ähnlichkeit mit der Endlosschleife des Rosenkranzes, worin auch das Vaterunser-Gebet (Paternoster) seinen Platz hat.

Die Verwaltung von Mietskasernen

Der Einzug der Technik in die Gebäude seit der Mitte des 19. Jahrhunderts führte auch zu ganz neuen Anforderungen an die Verwaltung und den Betrieb der Immobilien.

Die Industrialisierung zog auch Abertausende von Industriearbeitern in die großen Städte. Die Grundstücke wurden so dicht bebaut, wie es gerade noch zulässig war. Der Grenzwert war: Eine pferdebespannte Feuerspritze musste im Innenhof eines Gebäudekomplexes noch wenden können. So entstanden in Berlin und in anderen Großstädten Quartiere mit Gebäudekomplexen, die aus Vorderhaus, Hinterhaus und Seitenflügeln bestanden; oftmals lagen in der Tiefe des Grundstücks mehrere Hinterhäuser gestaffelt. Markantestes Beispiel ist *Meyer's Hof* in der Berliner Ackerstraße mit seinen sechs Hinterhöfen.

Bis 1945 Berlins wohl berühmteste Hinterhöfe: Meyer's Hof in der Ackerstraße 132 – ein Vorderhaus mit fünf Hinterhäusern

Die Verwaltung solcher Mietskasernen war nicht unproblematisch. Denn in den Wohngebäuden siedelten sich zugleich Gewerbebetriebe an: Zum Beispiel weist das Adressbuch eine Kohlenhandlung und eine Zigarrenfabrik im ersten Hof, eine Honigkuchenfabrik und einen Buchbinder im vierten Hof sowie eine mechanische Werkstatt, eine Pantoffelfabrik, eine Kammfabrik und eine Glasschleiferei im fünften Hof von Meyer's Hof aus. Neben den Bedürfnissen der Bewohner mussten also auch die Bedürfnisse verschiedener Gewerbebetriebe berücksichtigt werden. Die Akten der Baupolizei belegen, wie es damals zuging. Bäckermeister Neumann im Vorderhaus beschäftigte zwei Gesellen und einen Lehrling, die in einer Kammer „unter Tage" schlafen mussten: „Die lichte Höhe des Raumes beträgt am Lichtschacht 1,50 m, hinten bei schräg ansteigender Decke 2,40 m. Der Deckensturz liegt am Lichtschacht 0,57 m unter dem Straßenniveau, ein Fenstersturz ist nicht vorhanden, da der Lichtschacht senkrecht an dem Raum in einer Breite von 0,46 m vorbeiführt." Der Bäckermeister Neumann wurde vom Polizeipräsidium aufgefordert, den Raum nicht länger als Schlafraum zu nutzen, wogegen der Hausbesitzer Meyer – allerdings vergeblich – Einspruch erhob.

Immer wieder hörte man Klagen über Feuchtigkeit und ungesunde Luft. Kein Wunder, siedelten sich doch in den Räumen von Meyer's Hof auch „Grünkramgeschäfte" (Gemüseläden) und „Rollkammern" (Bügelanstalten) an. Mit preußischer Korrektheit ging die Polizei solchen Anzeigen nach: „Diesseits wurde Feuchtigkeit weder in den Wohn- noch in den Geschäftsräumen festgestellt, die Wände und Decken waren trocken. Dagegen wurde bei der zweimaligen Besichtigung dumpfe und übel riechende Luft empfunden. Diese letztere dürfte darauf zurückzuführen sein, dass die Zimmer bis zum Spätvormittag noch nicht gelüftet und nicht gereinigt waren. Die Räumlichkeiten boten in ihrer Unordnung einen widerwärtigen Eindruck." Im Juli 1895 reicht Eigentümer Otto Meyer einen Bauantrag ein, „betreffend Anlage von 70 Stück Closets in den fünf Quergebäuden". Bis 1897 werden die zentralen Klosettgebäude auf dem Grundstück aufgegeben und stattdessen Toiletten mit individueller Wasserspülung auf den Etagen der fünf Quergebäude eingerichtet.

Alltag in der Mietskaserne

Wie sah der Alltag in einer Großimmobilie wie Meyer's Hof aus?

Das große Tor, das die Anlage von der Ackerstraße her erschloss, war tagsüber während der Arbeitszeit, also ca. 10 Stunden, geöffnet; danach wurden das Tor und die einzelnen Hausaufgänge abgeschlossen. Im ersten Hof der Ackerstraße 132 wohnte 1886 der Portier Bartelt, der dafür verantwortlich war. Anfangs gab es auch einen Nachtwächter, den man rufen musste, wenn man nach der „Öffnungszeit" auf das Grundstück wollte. Als der letzte Nachtwächter 1928 starb, wurde die Stelle nicht mehr neu besetzt. Auch der Hauswart, als höherrangiger Angestellter, übernahm diese Aufgabe nicht – vielmehr bekam jede Familie einen Hausschlüssel. Am Ende kümmerte sich niemand mehr um das Tor und es blieb offen. Der Hauswart hatte für die Treppen- und Hofreinigung zu sorgen, seine Frau soll fleißig mitgewirkt haben. Außerdem hatte er Ruhe und Ordnung sicherzustellen, was immer man in den verschiedenen Zeiten darunter verstand. Die Miete hatte man beim Verwalter abzuliefern, der natürlich im Vorderhaus wohnte. Wenn Wohnungen oder Gewerberäume frei wurden, kam eine entsprechende Anzeige ans schwarze Brett über der Kohlenhandlung im Vorderhaus. Hausbriefkästen gab es nicht, und auf die „Stummen Portiers" (das heißt Tafeln mit Etagen- und Wohnungsangaben) in den Treppenaufgängen war nicht immer Verlass. Wenn man jemanden suchte, musste man gut zu Fuß sein und viel Geduld aufbringen. Die Post wurde durch die Briefschlitze in den Wohnungstüren zugestellt; die Postboten arbeiteten oft jahrzehntelang im gleichen Revier. Keiner kannte die Verhältnisse in einer Liegenschaft wie Meyer's Hof so gut wie sie.

Der Siegeszug von Stahl, Glas und Beton

Seit der Mitte des 19. Jahrhunderts stieß die traditionelle Stein- und Ziegelbauweise an ihre Grenzen. Um größere Räume zu überbauen (beispielsweise Bahnhofs- oder Fabrikhallen) oder um höhere Gebäude zu errichten, mussten neue Materialien und Technologien eingesetzt werden. Eisen und Stahl hatten sich bereits beim Brückenbau bewährt. Für große Glasflächen gaben die einstigen fürstlichen Orangerien ein Beispiel: Seit 1861 konnte man dank eines neuen Verfahrens der

Warenhaus Hermann Tietz in der Leipziger Straße in Berlin auf einer zeitgenössischen Postkarte. Das 1900 fertiggestellte Gebäude erregte wegen seiner Glasfront Aufsehen.

Sodaherstellung Glas auch preiswert produzieren. Und ein französischer Gärtner war es, der einen unzerbrechlichen Pflanzenkübel entwickeln wollte und dazu Beton um ein Eisengeflecht goss – ganz nebenbei hatte er damit den Stahlbeton erfunden. In Chicago baute man aufgrund hoher Grundstückspreise immer höher hinauf; 1879 entstand hier das erste Hochhaus in Stahlskelettbauweise. In Deutschland baute der Architekt Bernhard Sehring 1900 für das Kaufhaus Tietz in Berlin Schaufensterflächen von 25 mal 18 Meter ein, die sich über alle Stockwerke zogen. 30 Jahre später schrieb der Architekturhistoriker Konrad Werner Schulze: „Die Verwendung des Glases hat in der Architektur der Gegenwart derart zugenommen, dass heute bereits allgemein von einer ‚Glasarchitektur' gesprochen werden kann." Schon immer war die durchsichtige Grenze zwischen Innen und Außen, das verglaste Fenster, als etwas Besonderes empfunden worden. Man schützte die Fenster von außen mit Fensterläden, von innen brachte man Stores und Gardinen an, die den Ausblick gestatteten, aber den Einblick verwehrten.

Die neuartigen Bauweisen und Fassaden, mit elektrischen Leuchtreklamen und verglasten Häuserfronten, waren gegenüber dem klassischen Fenster etwas völlig Neues. Damit standen aber auch neue Aufgaben in der Wartung und Reinigung an. Eine langsam einstaubende Putzfassade konnte man wohl hinnehmen, nicht aber eine verschmutzte, stumpf scheinende Glasfront. Damit stand die Gebäudereinigung vor ganz neuen Aufgaben. Aus sporadischem, auf Verabredung fußendem Fensterputzen wurde ein regelmäßiger und zunehmend professioneller Gebäudeservice. So gründete Friedrich Wackler 1909 einen Fensterreinigungsbetrieb für die Geschäfte und Warenhäuser in München. Das war der Beginn einer mittlerweile über 100-jährigen Firmengeschichte.

Da sich die riesigen Glasfenster nicht nach innen öffnen ließen, mussten sie mittels großer (und teurer) Handdrehleitern gereinigt werden. Im Laufe der Zeit boten die Reinigungsbetriebe auch die Fassadenreinigung und Putzarbeiten für Häuser, Büros und Wohnungen an. Das erforderte umfangreichere Fachkenntnisse als die bloße Glasreinigung. Seit 1908 setzten die Reinigungsbetriebe auch Sandstrahlgebläse ein. Damit konnten nicht nur verschmutzte Natursteinfassaden gereinigt, sondern auch Stahlkonstruktionen von Rost und Schmutz befreit werden. So stellte sich das Handwerk den neuen technischen Anforderungen.

„Wozu schafft man sich für teures Geld große, kristallhelle Gläser an, wenn man ihre Wirkung durch die engen Maschen des Tülls und durch die Linien des Ornaments beseitigt? Warum müht man sich, die Abgrenzung zwischen Innenraum und Außenwelt zu einer fast unmerklichen zu machen, wenn man nachher sie so augenfällig zu betonen gedenkt? Ist der Vorzug, durch die Gardine leidlich ungehindert ins Freie sehen zu können, den Blick von außen dagegen abzuhalten, wirklich ein so großer, dass man ihn sich so Bedeutendes kosten lasse?"
Cornelius Gurlitt (1850–1938), Architekt und Kunsthistoriker

Exkurs: Das Hotel

Zu den besonderen Gebäudetypen, die an der Wende vom 19. zum 20. Jahrhundert ihre große Zeit hatten, gehört das Hotel. Der Begriff kommt aus dem Französischen (von altfranzösisch „hostel") und geht auf das spätlateinische „hospitale" für Beherbergungsstätte zurück. Im 17. und 18. Jahrhundert wurden die Stadtpalais der Adligen als Hôtel bezeichnet. Und weil vom Stadtpalais aus auch der Grundbesitz der Adligen verwaltet wurde, ging nach der Revolution von 1789 der Name auch auf öffentliche Gebäude über – das Hôtel de ville bedeutet im Deutschen

Geschichtsträchtig oder nur historistisch? Das Hotel Adlon am Pariser Platz ist eines der berühmtesten Hotels in Berlin. Der Neubau an alter Stätte wurde am 23. August 1997 eröffnet.

„Rathaus". Das ist die eine Bedeutungsübertragung; die andere erfolgt etwa um die gleiche Zeit – aufgrund der repräsentativen Ausstattung der Stadtpalais – auf Beherbergungsstätten mit gehobenem Anspruch.

Seine überragende Bedeutung erwarb sich das Hotel in der Zeit zwischen 1880 und dem Ausbruch des Ersten Weltkriegs. Das Bürgertum war wohlhabend geworden, vermehrte Freizeit und größere finanzielle Spielräume machten es reiselustig. Das Hotel kam diesen neuen Bedürfnissen entgegen. Dem Gast sollte es „in der Fremde" an nichts fehlen. Deshalb bemühte sich jedes Hotel darum, ein ganzheitliches Betreuungskonzept umzusetzen. Zum Gasthof, den es schon seit Jahrhunderten gab, verhielt sich das Hotel wie ein Fünfgängemenü zum Eintopfgericht. Im Hotel fand der Gast zu jeder Zeit einen Ansprechpartner über den Concierge-Service. Die Betreuung reichte von der gehobenen Gastronomie über die gediegene bis luxuriöse Beherbergung zu einer ganzen Anzahl von Nebenleistungen, die der Gast zu schätzen weiß, seien es Wellness-Angebote, Vermietung von Tagungsräumen, Gepäcktransporte, Fitnessräume, Wäscheservice, Friseur, Ticketservice oder die Organisation von Ausflügen usw. Das Spektrum der Leistungen hat sich besonders in den letzten fünfzig Jahren bedeutend ausgeweitet. Auch die Typologie der Hotels hat sich je nach Aufenthaltszweck (Geschäftsreise, Motel, Urlaub, Wellness, Konferenz) und Zielgruppe stark differenziert. Geblieben ist der ganzheitliche Ansatz, den der Hotelmanager, will er seine Gäste zufriedenstellen, ebenso wie ein Facility Manager berücksichtigen muss.

Aus Häusern werden Wohnmaschinen

Schon nach dem Ersten Weltkrieg war die Bautechnik gleichsam „auf dem Sprung". Bauingenieure und Architekten machten Kassensturz: Was können wir? Was wird am nötigsten gebraucht? Wohin wird die Entwicklung gehen? Der Architekt Martin Wagner, der von 1926 bis zum Machtantritt der Nationalsozialisten Stadtbaurat von Berlin war, hatte bereits 1918 geschrieben: „Mögen wir uns nur nicht einbilden, dass wir es im Städtebau schon herrlich weit gebracht haben. Wir haben es hier immer noch mit den ersten Anfängen einer Wissenschaft und mit den allerersten Anfängen ihrer praktischen Betätigung zu tun."

Neue Funktionen – Neues Bauen

Die Architekten, die das Neue Bauen nach dem Ersten Weltkrieg bestimmten, hatten zunächst allerhand aufzuräumen. Die führenden Köpfe nahmen sich buchstäblich jeden architektonischen Grundsatz vor, der bisher unumstößlich war, und stellten ihn infrage. Das reichte von den Fassaden über die Farbigkeit bis zu Kostenfragen, Problemen der Bodennutzung und der Bauhöhe bis hin zu dem ideologisierten Streitthema, ob das Flachdach dem Steildach vorzuziehen sei.

Eine Wohnzeile von Mies van der Rohe in der Weißenhofsiedlung, Stuttgart, erbaut 1927 in Rekordbauzeit von 21 Wochen für die Werkbund-Ausstellung „Die Wohnung"

Das achitektonische Denken der Zwischenkriegszeit war von den Ideen des „Neuen Bauens" bestimmt. Hierfür stehen Architekten wie Le Corbusier (1887–1965), Walter Gropius (1883–1969), Erich Mendelsohn (1887–1953), Bruno Taut (1880–1938) und Max Taut (1884–1967), Hans Scharoun (1893–1972), Ernst May (1886–1970) oder Mart Stam (1899–1986) und viele andere. Ihre Entwürfe berufen sich auf einen Grundsatz des amerikanischen Architekten Louis Henry Sullivan (1856–1924): *form follows function*. Diese sogenannte Triple-f-Formel sollte zum Grundgesetz des Neuen Bauens werden. Die Funktion des Baukörpers sollte nicht mehr versteckt oder maskiert werden, sondern klar und erkennbar als Baukörper sichtbar werden. Das Neue Bauen war also weitaus mehr als „Wilhelminisch ohne Stuck", es war die Ästhetisierung der Funktion.

Auch mit neuen Materialien wurde experimentiert. Schon während des Ersten Weltkriegs begannen die Niederländer, Großversuche mit Betonplatten zu unternehmen. Sie stellten bei Vergleichsmessungen fest, dass eine 20 Zentimeter starke Bims-Betonplatte die gleichen Wärmedämmungseigenschaften hat wie eine 51 Zentimeter dicke Ziegelwand. In Deutschland baute Martin Wagner (1885–1957) – er hatte die neue Bauweise in Amsterdam studiert – in Friedrichsfelde 1926–1930 die Solanemann-Siedlung, die erste Plattenbausiedlung aus vorgefertigten Betonfertigteilen. Und in Frankfurt erprobte Ernst May um die gleiche Zeit bei der Siedlung Praunheim den Montagebau aus vorgefertigten Platten. Das Experimentieren mit neuen Materialien und Bauweisen war nicht Selbstzweck: Es sollte helfen, den Bauaufwand – und damit Kosten – zu senken.

Sozialer Wohnungsbau

Die fortschrittlichen Architekten der Zwanzigerjahre wollten nicht nur neue Gebäude aus neuen Materialien und mit neuen Technologien errichten. Sie wollten ein soziales Problem lösen, das der Mietskasernenbau der Wilhelminischen Ära nicht lösen konnte – und gar nicht lösen wollte: einer großen Zahl von Menschen, die unter miserablen Wohnverhältnissen litten, zweckmäßigen und bezahlbaren Wohnraum zur Verfügung zu stellen. Dazu mussten sie aus den vorgefundenen Altstadtquartieren heraus, dorthin, wo Bauland noch billiger war.

1927 überschritt die Bevölkerungszahl der Erde die Zweimilliardengrenze. 400 Jahre zuvor hatte sie noch ca. 450 Millionen betragen. Heute liegt sie bei 7 Milliarden. Im 20. Jahrhundert hat sich die Weltbevölkerung fast vervierfacht. In Deutschland, wo heute rund 81,8 Millionen Menschen leben, verdoppelte sich die Bevölkerungszahl von 1871 bis zur Mitte der 1990er-Jahre. Zwar hat sich die Wachstumsdynamik im zeitlichen Verlauf abgeschwächt, dafür steigt der individuelle Raumbedarf ständig an.

Nur Großsiedlungen versprachen zwischen 1920 und 1930 einen Weg aus der Wohnungsnot. Damit sich die Bewohner der Mietskasernen das Wohnen dort aber überhaupt leisten konnten, mussten die Mietkosten niedrig sein. Das Kostenmanagement setzte also bereits bei der Bauplanung an. Großsiedlungen, aus nur weni-

In der Großsiedlung Berlin-Britz (1926–1933), Luftaufnahme von 2008), deren Kern das sogenannte Hufeisen bildet, sind über 1000 Wohnungen nach nur vier Grundrisstypen standardisiert worden. Seit 2008 gehört die Hufeisensiedlung zum UNESCO-Welterbe.

gen standardisierten Gebäudetypen errichtet, versprachen niedrigere Planungs-, Erschließungs- und Baukosten. Man erkennt hier in Ansätzen bereits ein ganzheitliches Konzept, das die späteren Betreiber und Nutzer des Gebäudes mehr als zuvor im Blick hatten – ein neues Denken also auch vonseiten der Architekten und Planer.

Dabei brachen sie mit Bautraditionen und überkommenen Vorstellungen. So sagte Walter Gropius auf dem II. Internationalen Kongress für Neues Bauen in Brüssel 1930: „Wie steht es nun mit der optimalen Höhe des Großhauses, 3, 4, 5, 10 oder 50 Geschosse? Ich teile die Ansicht …, dass man nicht ohne sentimentalen Selbstbetrug behaupten kann, im vierten Geschoss ohne Aufzug engere Verbindung ‚zur Natur' zu haben als im 10. Stock mit Aufzug …"

Hochhäuser

Der Bauhausarchitekt Gropius sprach sich seinerzeit mit guten Gründen für Hochhäuser aus. Für sachlich begründete Gegenargumente fehlten schließlich auch einschlägige Erfahrungen mit Hochhäusern. Heute weiß man: Hohe Häuser verschatten die unmittelbare Umgebung stärker als niedrige, das heißt, dass die Wohn- und Lebensqualität in unmittelbarer Umgebung von Hochhäusern sinkt. Gropius glaubte damals, das Problem mit Streifenbebauung (anstelle der damals üblichen Blockrandbebauung) und verringerter Siedlungsdichte lösen zu können. Grundsätzlich schafft sich aber jedes Hochhaus auch Probleme am eigenen Baukörper, die ein „normales" Haus nicht im gleichen Maße kennt. Fallwinde können die Umgebung beeinflussen. Die große Fassadenfläche eines Hochhauses heizt sich im Sommer stärker auf und erschwert umgekehrt im Winter die Wärmedämmung. Hierfür muss bei der Gebäudeisolierung vorgesorgt werden, andernfalls steigt der Energieverbrauch für Heizung oder den Betrieb von Klimaanlagen beträchtlich an. Für das Gebäudemanagement gibt es dann, wenn alles steht, kaum noch Spielräume, um den Betrieb wirtschaftlicher zu gestalten. Erst in jüngster Zeit ist man ernsthaft daran gegangen, durch bauliche und klimatechnische Maßnahmen die Energiebilanz der Gebäude zu verbessern. Technisch ist es sogar möglich, durch die weitgehende Ausnutzung von Sonnen- und Windenergie an der Gebäudehülle hinsichtlich der Energiebilanz ein klimaneutrales Ergebnis zu erzielen.

Hoch zu bauen war in den Großstädten der USA längst gang und gäbe, denn dort hatten die Grundstückspreise keine andere Wahl gelassen. Im Deutschland der Gründerzeit hatten die Bodenspekulationen zwar die Preise in die Höhe getrieben, nicht aber die Gebäude, sondern vielmehr zu einer kaum mehr zumutbaren Verdichtung der Bebauung geführt.

Ein Hochhaus wurde in Deutschland nach der Länge der Feuerwehrleiter definiert. Mit ihren üblichen Drehleitern konnten die

Hochhausbau setzte sich in Deutschland zuerst bei Verwaltungsgebäuden durch. Der sogenannte „Bau 15", das ehemalige Verwaltungsgebäude von Carl Zeiß Jena mit 42 Metern Höhe , entstand 1915/16 als erstes wirkliches Hochhaus Deutschlands. Im Hintergrund links der Jen-Tower, ein Hochhaus aus den Sechzigerjahren.

deutschen Berufsfeuerwehren bis zu einer Höhe von 23 Metern gelangen. Die Bauordnungen der deutschen Länder definierten demnach ein Gebäude als ein Hochhaus, wenn der Fußboden mindestens eines Aufenthaltsraumes mehr als 22 Meter über Geländeniveau liegt. In dem Fall nämlich muss das Hochhaus über zusätzliche Brandschutzvorkehrungen – beispielsweise separate Fluchttreppenhäuser – verfügen. In Japan und China gelten erst die Gebäude, die höher als 100 Meter sind, als Hochhäuser.

In München entstand nach dem Ersten Weltkrieg eines der ersten deutschen Hochhäuser, das diesen Namen verdient. Dazu war aber erst ein grundsätzlicher Beschluss des Stadtrats erforderlich, der den Bau von Hochhäusern mit den beiden Einschränkungen erlaubte, dass die Entwürfe das lokale Umfeld zu berücksichtigen hatten und dass die Bauten nicht höher als die Türme der Frauenkirche (99 Meter) sein durften. Auch hier war es der Bedarf der Verwaltung – das Technische Rathaus sollte die verschiedenen „technischen" Dienststellen vereinigen –, der letztendlich den Charakter des Baukörpers bestimmte.

Das Städtische Hochhaus, 1929 als erstes Hochhaus Münchens mit 45,5 m Höhe fertiggestellt, diente bis 2000 als Technisches Rathaus.

Exkurs: Die Platte

Der DDR-Wohnungsbau ist bis heute – vor allem außerhalb des ehemaligen Staatsgebietes – berüchtigt für die nahezu ausschließliche Anwendung des sogenannten Plattenbaus. Warum es zur Bevorzugung der Großtafelbauweise kam, ist bis heute nicht vollständig aufgeklärt. Der Kostenfaktor allein kann es nicht gewesen sein, denn eine Wand aus Beton ist nicht von vornherein billiger als eine Wand aus Ziegeln. Wahrscheinlich hatten die hohe Montagegeschwindigkeit und die Möglichkeit, mit wenigen Grundtypen auszukommen, die Verantwortlichen überzeugt. Außerdem rechnete man mit einem geringeren Wartungsaufwand.

Auch für die Großtafelbauweise war die Großsiedlung die optimale Bebauungsform; in Innenstädten ließ sich der Montageaufwand auf der Baustelle selten in der geforderten Größenordnung oder ohne erhebliche Störungen des urbanen Lebens bewerkstelligen. Folglich lagen die Großsiedlungen entweder als Trabantenstädte außerhalb des historischen Stadtgefüges oder die realsozialistische Stadtplanung schuf sich mittels Abrissbirne Platz, wie es in Berlin schon in den Sechzigerjahren bei der Planierung der Altbauquartiere zwischen Alexanderplatz und Strausberger Platz und später beim Abriss der innerstädtischen Altbauquartiere in Städten wie Gotha oder Gera geschah.

Sowohl die Siedlungsstruktur als auch die Wohnungsgrundrisse und Ausstattungsmerkmale deuten darauf hin, dass bei der Planung ein möglichst geringer Bau- und Erhaltungsaufwand anvisiert wurde. Die Anordnung der Wohnblöcke und die Straßenführung waren dem optimalen „Kranspiel" geschuldet. So wie die

Wohnsiedlung in Großtafelbauweise in Magdeburg. Die Gestaltung der Fassadenelemente hinsichtlich Material und Farbigkeit entspricht dem Standard, wie er in den Achtzigerjahren erreicht wurde.

Gleise für den Montagekran am besten gelegt werden konnten, ohne allzu oft umverlegt werden zu müssen, so wurde gebaut. Die neuen Wohnungen boten „Vollkomfort“ mit Fernwärme und zentraler Warmwasserversorgung. Die Wärmedämmung war allerdings miserabel. Die Kosten für Fernwärme und heißes Wasser waren pauschal in der Gesamtmiete enthalten, Heizkörper hatten keine funktionierenden Thermostate und die Raumtemperatur wurde gern auch durch Öffnen und Schließen der Fenster geregelt. Der Energieverschwendung waren Tür und Tor geöffnet.

In den Wohnungen herrschte ein spartanischer, aber durchaus funktionaler Stil vor. Stromleitungen lagen meist über Putz (weil es Putz an den Innenwänden ebenso wenig gibt wie an der Außenwand). Die Leitungen der Fernheizung wurden ohne Isolierung durch die Wohn- und Funktionsräume geführt: Eine kleine Neubauküche wurde so allein dank des durchlaufenden Heizungsrohres ausreichend warm, ohne dass der Heizkörper aufgedreht werden musste. Bis heute profitieren Mieter bei der Heizkostenabrechnung von diesem Umstand, der für die Wohnungsbaugesellschaften eher unerfreulich ist. Die Wasser- und Abwasserleitungen von Küche und Bad befanden sich in einem gemeinsamen Kollektorschacht, der über eine Revisionsklappe leicht zugänglich war; Küche und Bad lagen in den Plattenbauten daher immer nebeneinander, auch um den Preis, dass Bad oder Küche (und bei manchen Grundrisstypen beide Funktionsräume) im Innenkern landeten und ohne Tageslicht auskommen mussten.

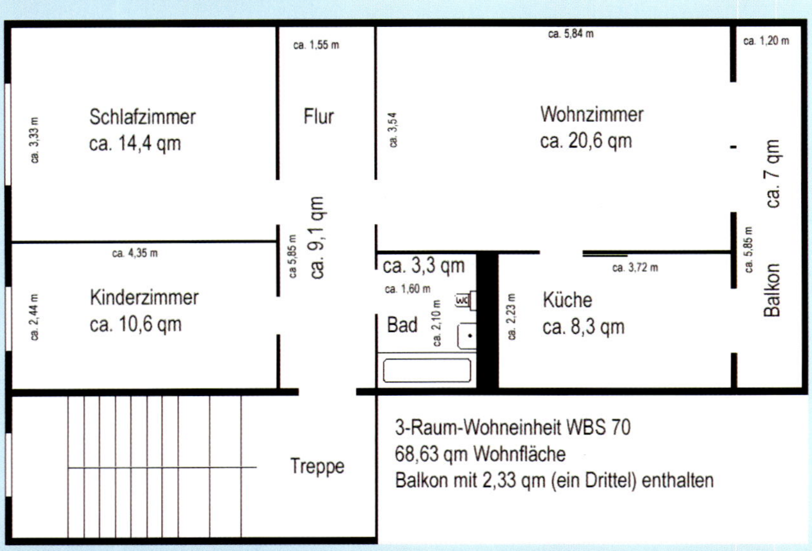

Typischer Grundriss einer Dreiraumwohnung in einem WBS-70-Bau

Gebäudebezogene Dienstleistungen waren in der Wirklichkeit der Großsiedlungen genauso Mangelware wie die vielen anderen Dinge des täglichen Bedarfs, von denen man nie genau sagen konnte, wann es sie geben würde und wann sie für längere Zeit verschwänden. Planerisch waren die Plattenbauten also für einen minimalen Wartungs- und Erhaltungsaufwand ausgelegt – insofern nahmen die Architekten der „Wohnungsbauserie 70" vorweg, was heute Anspruch eines ganzheitlichen Facility Managements ist, nämlich die späteren Bewirtschaftungskosten in der Planungsphase zu berücksichtigen. Doch ging damals schon die Rechnung nicht ganz auf. Ein absolut wartungsfreies Gebäude ist eine Illusion. Dringliche Werterhaltungsmaßnahmen wurden – im Rahmen der sogenannten „Volkswirtschaftlichen Masseninitiative" (kurz VMI genannt) – von den Mietern selbst durchgeführt. Hausmeisterdienste im heutigen Sinne waren weitgehend unbekannt. Die Wohnungsverwaltungen verfügten über einen kleinen Stab von Handwerkern, zu klein, um die Intervalle zwischen Schadensfall und Reparatur wirklich kurz zu halten.

Leerstandsmanagement im Plattenbau

In den Großsiedlungen im Osten Deutschlands, die seit den frühen Siebzigerjahren fast ausschließlich in der Montagebauweise aus Betonelementen entstanden sind, beherrscht seit den Neunzigerjahren das Problem des Leerstands zunehmend die Arbeit der Wohnungsbauunternehmen. Besonders die Wohnsiedlungen nicht mehr (oder nicht mehr im früheren Umfang) existierender Großbetriebe sind von starker Abwanderung betroffen.

Kaum wiederzuerkennen: sanierter und komplett umgebauter WBS-70-Baukörper in Ilmenau/Thüringen

Bereits ca. 15 Prozent Leerstand gilt für eine Wohnungsgesellschaft als existenzgefährdend. Im Osten sind oft noch sehr viel höhere Leerstände anzutreffen; hier tritt außerdem das Problem der Altschulden als Belastung für die Eigentümergesellschaften auf. 60 Prozent der Betriebskosten fallen auch bei einer leer stehenden Wohnung an: Das reicht von Wartungs- und Heizkosten bis zu Maßnahmen der Taubenabwehr. Demgegenüber fehlen die Mieteinnahmen.

So bleiben den Wohnungsgesellschaften im Osten nur zwei Wege: die Sanierung der Bauten unter Berücksichtigung heutiger Wohnstandards und der Rückbau, gegebenenfalls sogar der vollständige Abriss ganzer Blocks.

Gelungen ist das Sanierungskonzept beispielsweise in Berlin-Hellersdorf, wo mit der „Hellen Mitte" ein komplett neues, urbanes Stadtteilzentrum entstand. Auch das Allende-Viertel in Berlin-Köpenick, begünstigt durch die naturnahe Waldrandlage, kann 2010 kaum Leerstände beklagen. Mieter berichten aus Wohngebieten mit sanierten und gut geführten Plattenbauten: Dort, wo die Hausmeister „hinterher" sind, ist auch die Wohnqualität hoch. Die Kundenzentren einer Wohnungsbaugesellschaft im Osten Berlins räumen ihren Hausmeistern hohe Eigenverantwortung ein – bis zur Entscheidung über die Neuvermietung leer stehender Wohnungen.

Die Platte im Westen

Siedlungen und Bauten, die in Großtafelbauweise errichtet waren, findet man nicht nur im Osten Deutschlands. Auch in nordeuropäischen Ländern wie Schweden und Finnland hat man, wo die klimatischen Verhältnisse nur eine relativ kurze Bauphase zuließen, die Vorzüge der kurzen Montagezeit genutzt. Auch in der Bundesrepublik Deutschland und in Frankreich hatte diese Bauweise ihren Platz, wenngleich niemals mit solcher Ausschließlichkeit wie in der DDR.

In Frankreich baute Le Corbusier seit 1947 mit der *Cité radieuse* in Marseille die erste seiner „Wohnmaschinen", der *Unités d'Habitation* (dt. Wohneinheiten). Hierbei handelt es sich um ein 18-geschossiges Hochhaus, das als Stahlbeton-Skelettbau errichtet wurde. Es ist 138 Meter lang, 25 Meter breit und 56 Meter hoch. An der Stelle des Erdgeschosses befindet sich ein Freigeschoss mit Stützen, die das gesamte Gebäude tragen. Hier befinden sich auch die Aufgänge, die das Gebäude erschließen. 337 zweigeschossige Wohnungen befinden sich im Gebäude. Die 7. und 8. Etage hatte Le Corbusier als Ladenstraße vorgesehen: eine Anzahl Geschäfte, ein kleines Hotel und eine Wäscherei wurden hier eingerichtet. Auf dem begehbaren Dach entstanden ein Kindergarten, ein Freilufttheater und eine Sporthalle.

1921 prägte Le Corbusier den Satz: „Ein Haus ist eine Maschine zum Wohnen." Le Corbusiers Wohnmaschinen gehören nicht zu den Immobilien, die sich sonderlich leicht „bedienen" lassen. Es bedarf kompetenter Maschinisten, um alle Funktionen eines so komplexen, im wahrsten Sinn des Wortes multifunktionalen Gebäudes aufrechtzuerhalten. Für die Anbieter facilitybezogener Dienstleistungen sind Gebäude dieser Art immer eine besondere Herausforderung.

Le Corbusier hinterließ seine Spuren auch in Berlin. Anlässlich der Internationalen Bauausstellung 1957 errichtete man nach seinen Entwürfen eine „Wohnmaschine" in der Charlottenburger Flatowallee.
Für die Berliner Adaption musste man Corbusiers originales Maßsystem aufgeben und stattdessen den Vorgaben des sozialen Wohnungsbaus folgen.

Funktionspaläste der Gegenwart

Als man in Knossos auf Kreta Paläste baute, als Kaiser Diokletian an der adriatischen Küste seinen Palast errichtete, der so groß war wie eine Stadt, als die Könige und Kaiser ihre Burgen und Pfalzen aufführten und als Ludwig XIV. sein Schloss in Versailles bauen ließ, schien noch alles fest gegründet und für die Ewigkeit geschaffen zu sein. Auch wenn es – aufgrund wechselvoller Zeitläufe – häufig anders kam: Der Absicht der Bauherren nach überschritt der Lebenszyklus eines Gebäudes das Lebensalter eines einzelnen Menschen bei weitem. Heutigen Funktionspalästen ist ein weniger dauerhaftes Schicksal beschieden.

Von Dauer?

Als Erich Honecker am 2. November 1973 den Grundstein „für den Palast der Republik, für ein schönes und bedeutendes Bauwerk im Zentrum der Hauptstadt unserer Deutschen Demokratischen Republik, Berlin" legte, war er gewiss der Meinung, dass hier ein dauerhaftes Bauwerk entstände. Nicht ohne Grund importierte man aus Schweden den hochwertigsten Baustahl, den man seinerzeit bekommen

In der Glasfassade des Palastes der Republik im Osten Berlins spiegelt sich die Gebäudefront des Außenministeriums der DDR.

konnte. Im April 1976 wurde das Gebäude eröffnet und nach nur 14 Jahren Nutzungszeit im September 1990 auf Grund hoher Asbestbelastung wieder geschlossen. Beim Bau waren seinerzeit bis zu 5000 Tonnen Spritzasbest als Hitzeschutz auf das Stahlskelett aufgebracht worden. Seither dämmerte das Bauwerk vor sich hin, wurde zum Zwecke der Asbestsanierung entkernt und schließlich seit Februar 2006 schrittweise zurückgebaut.

Der Abriss war auch politisch motiviert. Der realsozialistische Kubus machte sich auf genau der Fläche breit, auf der einst das Berliner Stadtschloss gestanden hatte, jenes Schloss, dessen Kriegsruine 1950 auf Geheiß der SED-Führung gesprengt worden war. Der Palast war – obgleich politische Veranstaltungen den geringsten Teil seiner Nutzung ausmachten – ein politisches Symbol, das man nach dem Ende der DDR nicht mehr ertragen wollte.

Komplexe Anforderungen: Gesellschaftsbau

Dabei handelte es sich bei diesem Funktionspalast „um das international anerkannte, ideen- und angebotsreichste, flexibelste und am besten angenommene Kulturzentrum der Welt mit einer maximalen Bevölkerungsakzeptanz, hinter der sich sogar das *Centre Pompidou* in Paris verstecken konnte", wie die Zeitschrift „Der Facility Manager" 1997 ausführte. In der Tat war der Palast der Republik Zeit seiner aktiven Existenz ein Gesellschaftsbau der anspruchsvollsten Art. Er vereinigte neben dem großen Saal, der 5000 Personen fasste und der mittels moderner Saaltechnik für verschiedene Veranstaltungsformen konfiguriert werden konnte, einen kleinen Saal (zweimal im Jahr von der Volkskammer als Plenarsaal genutzt), ein Theater mit eigenem Ensemble, mehrere gastronomische Einrichtungen, Bow-

Asbestsanierung und Rückbau des Palastes der Republik kosteten über 100 Mio. Euro. Im Hintergrund der Fernsehturm am Alexanderplatz

Das Nachleben von Gebäuden: Der Baustahl des Palastes der Republik wurde nach dem Abriss eingeschmolzen und wiederverwertet – fast 20.000 Tonnen. So fahren heute Stahlteile des Palastes der Republik in VW-Motoren auf den Straßen der Welt, und ein beträchtlicher Teil des Stahls hat im höchsten Gebäude der Welt eine statische Wiedergeburt erfahren: er wurde beim Bau des 828 Meter hohen Burdsch Chalifa in Dubai verwendet.

lingbahn, Jugendtreff mit Diskothek, Souvenirshops und Zeitungsläden, ein Postamt mit komfortablen Öffnungszeiten und weitläufige Foyers. Man kann sagen, dass der Palast der Republik nicht wegen, sondern trotz seiner politischen Symbolik vom Publikum angenommen wurde – sei es zum Besuch eines Rockkonzerts, einer Unterhaltungsgala oder nur zum Genuss einer Tasse Kaffee auf dem Weg von der Universität zur nahe gelegenen Stadtbibliothek.

Bauten, die öffentlich zugänglich sind – Schulen, Bibliotheken, Kultur- und Sporteinrichtungen ebenso wie Einkaufzentren, Messehallen, Hotels und Ferienobjekte oder Bahnhöfe und Flughäfen –, stellen nicht nur an den Architekten besondere Anforderungen, sondern auch an den Betreiber. Da kann es auch schon einmal vorkommen, dass sich der Nutzer in einem Gebäude nicht ganz so wohl fühlt wie der Architekt, der sich an dem Entwurf ausgelebt hat, sich das dachte: wenn beispielsweise ein Schulneubau mit einer geschlossenen Glasfassade versehen worden ist, die nicht nur einen erhöhten Reinigungsaufwand generiert, sondern die dahinter liegenden Flure und letztlich das ganze Gebäude im Sommer auch zu Temperaturen aufheizt, die Arbeiten und Lernen nahezu unmöglich machen.

Der gläserne Vorhang: Moderne Fassaden

Verlagsgebäude der Süddeutscher Verlag GmbH in München, Architekten: GKK+Architekten Prof. Swantje Kühn, Oliver Kühn

Die Bautechnologie des 20. Jahrhunderts hat bei vielen Gesellschaftsbauten die massive Außenwand in die historische Abteilung des Architekturmuseums verabschiedet. Stahl und Glas bilden heute Skelett und Haut moderner Funktionspaläste. Manchmal fällt zwar ein Teil herunter – wie am Berliner Hauptbahnhof, der sich bereits beim ersten Windstoß etwas wetterfühlig zeigte. Manchmal bricht auch das ganze schöne Traumgebilde des Architekten komplett zusammen, wie in Paris am Flughafen Roissy/Charles de Gaulle, wo im Jahr 2004 Teile des modernen Terminals 2E einstürzten. Aber an der grundsätzlichen Eignung von Beton, Stahl und Glas als Baustoff der Moderne hegt niemand ernsthafte Zweifel. Eine Messehalle in Ziegelbauweise mit Natursteinverblendung würde heute eher verwundern. Idealerweise wird ein modernes Funktionsgebäude heute nicht nur mit modernster Gebäudetechnik, sondern auch mit entsprechenden Einrichtungen zur Wartung und Reinigung geplant und gebaut. Und dennoch: Was bereits in den Siebzigerjahren Standard war, ist heute noch nicht überall anzutreffen. Jedoch verfügen Unternehmen, die wie die Wackler Service Group seit vielen Jahrzehnten auch in der Gebäude- sowie Glas- und Fassadenreinigung tätig sind, über das entsprechende Know-how und das qualifizierte und spezialisierte Personal, um auch schwierigste Aufgaben zu lösen – und sei es mit bergsteigerischen Mitteln.

Aber natürlich gibt es sie auch noch, die anderen, traditionellen Fassaden. Ob Natur- oder Kunststein, Klinker oder Holz, Kunststoffe oder Putz: Nicht nur der Schmutz der modernen Industriegesellschaft in Form von Ruß- und Fettpartikeln aus Abgasen und Industrieemissionen, auch der „natürliche" Schmutz Tausender und Abertausender Tauben – ein typisches Krankheitsbild jeder Großstadt – erfordert die Anwendung spezieller Chemikalien, Pasten und Seifen sowie den Einsatz moderner Sand- und Wasserdruckstrahlgeräte. Experten fanden Mittel und Wege zur schonenden Reinigung und Imprägnierung der Bauteile - Methoden, die sich auch in der Denkmalpflege auszahlten – an traditionsreichen Gebäuden, die unserer Städten ihr charakteristisches Gesicht geben.

Viele der modernen Funktionspaläste verschwinden schneller wieder, als sie entstanden sind. In Frankfurt a. M. beispielsweise betraf es das Fernmeldezentrum: 1951–1956 als seinerzeit größtes Neubauprojekt Frankfurts auf kriegszerstörten Vorgängerbauten errichtet, teilweise denkmalgeschützt, weil als herausragendes Beispiel für die industrielle Nachkriegsarchitektur eingestuft, 2004/2005 komplett abgerissen, um Platz für das „Palais Quartier" zu schaffen. Seit Mitte der Siebzigerjahre hatte die fortschreitende Digitalisierung der Nachrichtentechnik zu einem verringerten Platzbedarf geführt; das Fernmeldezentrum litt zuletzt unter starkem Leerstand und die Gebäudetechnik war veraltet. Bei der Verwertung so exklusiver Innenstadtgrundstücke hat der Denkmalschutz nicht viel zu melden, auch wenn die technische Gebäudesubstanz im Ganzen gesehen intakt ist.

Man stößt bei der Betrachtung der Lebenszyklen von Gebäuden häufig auf diesen Widerspruch: Die technische Gesamtnutzungsdauer kann bei ein und demselben Gebäude länger sein als die wirtschaftliche Nutzungsdauer. Um 1980 setzten die Finanzämter die Lebensdauer von massiven Fabrik-, Werkstatt- und Lagergebäuden im Allgemeinen mit 80 Jahren, bei den übrigen massiven Gebäuden mit 100 Jahren an. Darüber kam es regelmäßig zu Streitfällen mit Eigentümern, die argumentierten, dass bestimmte Gebäude bereits dann nicht mehr wirtschaftlich nutzbar sein können, wenn sie bautechnisch noch längst nicht abbruchreif sind, weil Betriebsgebäude den Anforderungen moderner Technologien nicht mehr gewachsen sind. Das traf auf die Gebäude des Frankfurter Fernmeldezentrums zu. Das Verhältnis der Nutzer zu ihrem Gebäude wird nüchterner, unromantischer.

Das 2005 abgerissene Fernmeldezentrum in Frankfurt a. M. war 1953 Briefmarkenmotiv der Deutschen Bundespost.

Arbeitsbühne zur Glasreinigung am Hertie-Hochhaus in München-Schwabing in den Sechzigerjahren

Glasfassaden moderner Bürotürme stellen besondere Anforderung an die Gebäudereiniger. Fensterputzer in Doha, Qatar

Spätere Generationen werden es vielleicht einmal schwerer haben als wir, Baudenkmäler der Industriearchitektur der Jahrtausendwende oder Zeugnisse jener Funktionspaläste zu finden, in denen wir heute arbeiten, einkaufen, uns zum Essen treffen, Sport treiben, uns erholen und amüsieren, unsere Gesundheit wiedererlangen oder nach Bildung streben.

Höchste Standards

Von alters her ist Sauberkeit die Grundlage jeglicher Gebäudewirtschaft. Das mag manchem vielleicht nach einer Übertreibung klingen, aber Tatsache ist: Schmutz gab es schon immer und wird es immer geben. Er entsteht unausweichlich, wo sich Menschen aufhalten, wo sie aus- und eingehen, wo sie leben und arbeiten. Das ist selbstverständlich für alle Funktions- und Gesellschaftsbauten. Wer möchte schon in einem eingestaubten Büro arbeiten, in einem verdreckten Markt einkaufen oder in unappetitlicher Atmosphäre essen, Konzerte hören oder Sport treiben? Heutzutage wissen wir: Die Unterhaltsreinigung – definiert als regelmäßig wiederkehrende Reinigungsarbeiten, die in vorab festgelegten Zeitabständen durchgeführt werden – trägt also wesentlich dazu bei, dass Gebäude ihre Funktion erfüllen können und ihren Wert möglichst lange behalten.

Höchste Standards gelten gerade für den Betrieb von Krankenhäusern und Kliniken sowie Pflege- und Senioreneinrichtungen. Hygiene und Sauberkeit haben hier nicht nur einen ästhetischen Aspekt, sondern sind lebenswichtig. Zugleich wächst der Kostendruck auf die Gesundheitseinrichtungen. Doch gerade in diesem Segment hätte ein Nachlassen der Qualität fatale Folgen. Daher bietet sich hier ein ganzheitliches Herangehen an: kostengünstige Komplettlösungen für die Unterhaltsreinigung, Einsatz innovativer Reinigungssysteme und -techniken, Einsatz besonders geschulter Mitarbeiter (beispielsweise als Desinfektoren, Hygiene- oder Strahlenschutzbeauftragte). Maßgeschneiderte Hygiene- und Reinigungspläne rund um das Gebäude helfen dem Betreiber der Gesundheitseinrichtung, die internen Arbeitsabläufe zu optimieren und die Kosten zu senken. Daher ist die Krankenhausreinigung die Königsdisziplin in der Gebäudereinigung. Darüber hinaus erwarten viele Unternehmen von ihren Dienstleistern innovative Leistungen in Sachen Ökologie, Wirtschaftlichkeit und Qualität. Das gilt vor allem für die wachsende Zahl an Unternehmen, die das Konzept der Nachhaltigkeit konsequent umsetzen. Eine Antwort der Wackler Service Group darauf ist der Premium-Service *Bio clean*.

Höchste Hygienestandards werden bei der Krankenhausreinigung umgesetzt.

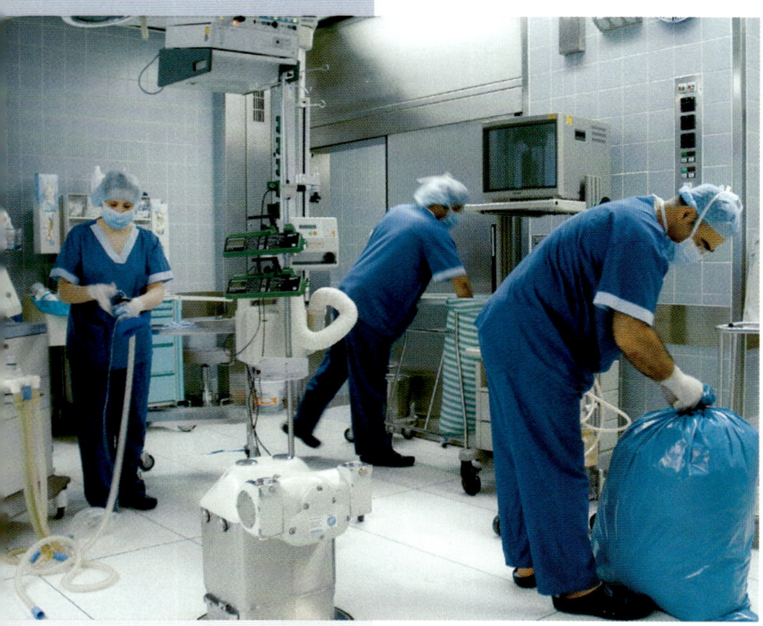

Vom Nachtwächter zum Security-Spezialisten

Geschützt und in Sicherheit zu leben ist ein menschliches Grundbedürfnis. Sicherheit suchten die Menschen seit jeher in sicheren Gebäuden, und sie entwickelten in dem Maße, wie ihre Sicherheit durch Kriminalität oder soziale Verwerfungen bedroht war, Schutz- und Sicherheitskonzepte, um Gefahren abzuwehren oder Gefährdungen vorzubeugen.

Spätestens seit dem 11. September 2001, als zwei vollbetankte Verkehrsflugzeuge, von Terroristen entführt, in das World Trade Center in New York rasten, wissen wir, wie verletzlich die künstlichen Häute sind, die wir um uns bauen. Absolute Sicherheit kann uns niemand mehr garantieren – auch nicht die Gebäude, die wir bauen und betreiben. Im Gegenteil: Die Gebäude, die uns schützen sollen, bedürfen selber unseres Schutzes, beispielsweise durch modere Systeme der Zutrittskontrolle, durch Alarmanlagen oder durch sicherheitstechnische Komponenten im Rahmen einer komplexen Gebäudeautomation. Aber neben dem technischen Fortschritt in der Sicherheitstechnik als Bestandteil der Haustechnik hat auch der menschliche Faktor seinen unersetzlichen Anteil.

Komplizierte und oft kunstvoll gearbeitete Schließmechanismen versprachen im 18. und 19. Jahrhundert zusätzliche Sicherheit gegen unbefugtes Eindringen.

Sichtbare Präsenz

Für das Empfinden von Sicherheit ist es von großer Bedeutung, dass die Vorkehrungen, die für die Absicherung von Leben, Hab und Gut getroffen werden, auch sichtbar, ja erlebbar werden. Der große Schlüssel und der wuchtige Türbeschlag mit dem kunstvoll geschmiedeten Schließmechanismus – das alles machte einen Zugang nicht unbedingt einbruchssicher, aber es vermittelte den Eindruck von Sicherheit. Selbst eine Art ritueller Sicherheit, wie sie der Maler Carl Schindler (1821–1842) malte, vermag bis heute zu beeindrucken. Die bloße Anwesenheit uniformierter Sicherheitskräfte trägt oft schon zur Verbesserung der Sicherheitslage bei. Das haben entsprechende Untersuchungen über den Einsatz von uniformiertem Wachpersonal beispielsweise in öffentlichen Verkehrmitteln oder an Verkehrsknotenpunkten wie Bahnhöfen und U-Bahnstationen ergeben.

„Die Schildwache, in das Gewehr rufend", Gemälde von Carl Schindler (1839). Bei der Wachablösung wird Sicherheit gleichsam als Schauspiel inszeniert.

Die Dienstleister der Sicherheitsbranche bewegen sich dabei immer in einem Spannungsfeld. Auf der einen Seite sind sie dazu angehalten, sich keine hoheitlichen Rechte anzumaßen; das sogenannte Gewaltmonopol hat allein der Staat. Auf der anderen Seite erwarten staatliche Stellen zum Beispiel, dass Großveranstaltungen wie Fußballspiele oder Musikevents am Veranstaltungsort vom Veranstalter selbst, das heißt von dessen Sicherheitspersonal – im ursprünglichen Wortsinn – abgesichert werden. Welche katastrophalen Folgen fehlerhaftes Management bei der Absicherung von Großveranstaltungen haben kann, zeigte sich während der Loveparade 2010 in Duisburg. Trotz einer großen Zahl an Ordnern und dem Eingreifen der örtlichen Polizei kam es dort zu einer folgenschweren Massenpanik mit 21 Toten und 500 Verletzten.

Die Funktion der Pforte

Pförtner, Portier, Concierge, Doorman – die Bezeichnungen sind unterschiedlich und die Funktionen im engeren Sinne sind es manchmal auch. Aber im Grundsatz haben sie es alle mit der gleichen Engstelle zu tun – der Tür, dem Tor, dem Portal, dem Ein- und Ausgang, der Schwelle zwischen dem geschützten Drinnen und dem ungeschützten Draußen. Schon in den Klöstern des frühen Mittelalters war der an der Klosterpforte eingesetzte Ordensbruder ein besonders zuverlässiger, moralisch untadeliger und glaubensfester Mönch; zu wichtig war der Unterschied zwischen Innen und Außen, als dass man den Durchgang zwischen beiden Sphären und seine Beaufsichtigung einem minder erfahrenen und qualifizierten Bruder hätte anvertrauen dürfen.

„Morgen in der Pförtnerloge", Gemälde des russischen Malers Kirill W. Lemoch (1876)

In den weltlichen Sphären war das Amt des Pförtners weniger hoch angesehen. Es stand im Rang der Dienstbotenebene nahe. In der Hotellerie ist der Portier, dessen Name und Berufsbild sich vom Pförtner ableitet, dennoch einer der wichtigsten Dienstmänner. Er repräsentiert seine Einrichtung nach außen, gleichsam als vor dem Hotelportal aufgezogene Schildwache: Daher steckt man den Portier auch gern in eine uniformähnliche Livree. Friedrich Wilhelm Murnau hat 1924 diesem Typus des Hotelportiers in dem Stummfilm „Der letzte Mann" mit Emil Jannings in der Hauptrolle ein bleibendes Denkmal gesetzt.

Oft waren verabschiedete Berufssoldaten und Unteroffiziere als Pförtner tätig. Wahrscheinlich versprach man sich von ihnen einige Übung in der Kunst, sich Respekt zu verschaffen. Allerdings dürfte der Umgangston nicht immer heutigen Vorstellungen von Höflichkeit genügt haben. Mancher Industriebetrieb versetzte verdienstvolle Arbeiter, die keine schwere körperliche Arbeit mehr leisten konnten, in die Pförtnerloge. Daraus vielleicht leitet sich das Klischeebild vom Pförtner als einem alten, körperlich nicht mehr tüchtigen Mann ab. Dabei ist der Pförtner heute, betrachtet man es recht, eigentlich ein Kommunikations- und Sicherheitsmanager in einer Person. Er überwacht den ein- und ausgehenden Personen- und Warenverkehr in einem Gebäude oder auf einem abgegrenzten Terrain, er öffnet und schließt Türen, Tore und Schranken, überwacht das Schlüsselmanagement und übernimmt in vielen Fällen auch Informations- und Betreuungsaufgaben am Empfang.

Schutz durch Verschließen

Verschließen und Verriegeln ist von alters her eine Aufgabe von nahezu hoheitlichem Rang. Nicht umsonst kennt man den Begriff der Schlüsselgewalt, eine besondere Art der Machtausübung, die etwa dem *Concierge* im mittelalterlichen Frankreich zustand. Der Schlüssel ist ein viel verwendetes Symbol, das als Zeichen von Göttern und Heiligen, aber auch als heraldisches Element auf vielen Wappen vorkommt. Am bekanntesten ist wahrscheinlich der Schlüssel im Wappen von Bremen. Schlüssel symbolisieren sowohl die Aufgeschlossenheit als auch die Macht, etwas – zum Beispiel die Stadttore – zu verschließen. Der Schlüssel im Wappen geht auf die Petrus-Verehrung zurück. In der christlichen Überlieferung symbolisiert der Schlüssel des heiligen Petrus die Macht, alles zu lösen und zu binden, zu öffnen und zu schließen, Gerechtigkeit und Gnade zu üben. Das Schlüsselsymbol ist aber schon viel älter als das Christentum. In der ursprünglichen römischen Mythologie, die um 1000 v. Chr. entstand, ist es der doppelgesichtige Ianus als Gott des Anfangs und des Endes, der Ein- und Ausgänge, der Türen und der Tore – und damit auch der Herr der Schlüssel. Auf Stadtwappen sind auch häufig Burgen, Türme und Stadttore und damit verwandte Darstellungen zu finden. Dass Schlüssel, Tor und Turm, Burg, Mauer und Zinnenkranz eine so große Symbolkraft gewinnen konnten, belegt deren überragende Bedeutung für das Sicherheitsempfinden der Menschen.

Frankfurt am Main: das Eschenheimer Tor um 1790

Das Wappen von Regensburg zeigt zwei gekreuzte Schlüssel.

Die Freie Hansestadt Bremen führt den „Bremer Schlüssel" im Wappen.

Schutz bei Nacht

Im Schutz der Dunkelheit schleichen sich ungebetene Besucher häufiger an als in den verkehrsreichen Tageszeiten. Das war schon zu alten Zeiten so, weswegen bereits in den mittelalterlichen (und in aller Regel weithin unbeleuchteten) Städten die Nachtwächter bei Dunkelheit ihre Runden drehten und in dem volkstümlich gewordenen Singsang die Stunde ansagten und die Bevölkerung aufforderten, Feuer und Licht wohl zu bewahren. Sie sorgten für Ordnung auf den Straßen, überwachten das Verschließen der Häuser und der Stadttore und durften verdächtige Personen des Nachts anhalten oder festnehmen. Nachtwächter waren, obgleich ihre Funktion sehr wichtig war, in der Gesellschaft wenig anerkannt; sie gehörten wie Abdecker und Scharfrichter zu den „unehrlichen" Berufen. Nach 1900 machten neue Polizeigesetze die Einführung der Straßenbeleuchtung und die Entwicklung der Großstädte den Nachtwächter erst einmal überflüssig. Die technischen Errungenschaften der Beleuchtung, aber auch der veränderte Lebensstil des wohlhabend gewordenen Bürgertums um 1900 schufen erst so etwas wie ein Nachtleben in den Großstädten. Nachtwächter sind heute aber wieder in einigen Kleinstädten als nostalgische Touristenattraktion anzutreffen. In der dänischen Stadt Ebeltoft wurde 1987 die „Europäische Nachtwächter- und Türmerzunft" gegründet, der über 150 Nachtwächter aus vielen europäischen Ländern angehören. Auch Deutschland hat seit 2004 eine Gilde der Nachtwächter: Sie nennt sich „Gilde Bund Deutscher Nachtwächter, Türmer und Figuren" (BDNT).

In der Nacht wirkte aber auch – der Sage nach – eine andere Berufsgruppe: die Heinzelmännchen. Populär wurde die Sage in der Versfassung von August Kopisch (1799–1853):

> „Wie war zu Köln es doch vordem
> mit Heinzelmänchen so bequem."

So beginnt die Schilderung des hilfreichen Tuns der kleinen Kobolde, die ihre Arbeit bei Nacht verrichten, während die Bürger schliefen. Die Heinzelmännchen putzten, fegten, spalteten Holz, wuschen, backten usw. Sie verrichteten Tätigkei-

Die Nachtwächter von Uetersen, Holstein, im Jahr 1905

ten, die man heute zu den haushalts- oder gebäudebezogenen Dienstleistungen rechnet. Nicht zufällig nahm sich die heute 89-jährige Johanna Wackler bei der Neuanmeldung der Münchner Firma 1949 die Sage von den Heinzelmännchen zum Vorbild, als sie den Betrieb mit dem Namen „Die Münchner Heinzelmännchen" eintragen ließ.

Modernes Sicherheitsmanagement

Die Anforderungen an die Sicherheit rund um die auf vielfältigste Art genutzten Gebäude werden immer individueller und komplexer. Modernes Sicherheitsmanagement – angefangen vom Werk- und Objektschutz über die Absicherung von Veranstaltungen, mobile Kontrolldienste bis zur Notruf- und Service-Leitstelle, bei der rund um die Uhr Notruf-, Einbruch- und andere Gefahrmeldeanlagen aufgeschaltet werden – beschränkt sich dabei nicht allein auf die Ausführung bestimmter Wach- und Kontrolldienste, sondern umschließt – im Sinne eines ganzheitlichen Facility Managements – auch kompetente Beratung und die Ausarbeitung kompletter Sicherheitskonzepte und -analysen.

Der Bedarf ist offenbar gegeben und die Experten prognostizieren der Branche eine positive Entwicklung. Gegenwärtig sind rund 170.000 Mitarbeiter in privaten Sicherheitsunternehmen beschäftigt. Die Branche erwirtschaftet einen Jahresumsatz von 4,4 Milliarden Euro – Tendenz steigend.

Ein Blick über die Schulter: Die Notruf- und Service-Leitstelle (NSL) hat rund um die Uhr alles im Griff.

Der gute Geist für alle Fälle

Was war? Was ist? Was kommt? Seit der Steinzeit errichten die Menschen Gebäude, in denen sie wohnen und arbeiten. Die Art und Ausstattung der Gebäude hat sich im Lauf der Jahrtausende stark verändert – besonders stark in den letzten 100 Jahren. Formulierte Le Corbusier zu Beginn des 20. Jahrhunderts, das Haus sei eine Maschine zum Wohnen, so sind zu Beginn des 21. Jahrhunderts die virtuellen Welten in den umbauten Raum eingedrungen. Nicht nur, dass Gebäude am Computer entworfen werden, sie lassen sich auch ohne Computer kaum noch betreiben, weil die komplexen Bewirtschaftungsprozesse sich anders gar nicht mehr abbilden, geschweige denn steuern lassen.

Ein Stichwort, das Zukunft verheißt: Gebäudeautomatisierung – und dazu können Raumautomation, Gebäude- oder Facility Management, Sicherheitstechnik, Heizungsregulierung oder intelligente Lösungen für die Trinkwasserversorgung, Regeltechnik für Fernwärme oder Integration bestehender Gewerke oder Automationssysteme gehören. Die Häuser fangen zwar noch nicht gleich an zu fliegen, aber es ist kein Zufall, dass ausgerechnet Unternehmen der Luftfahrttechnik, die normalerweise Flugzeuge mit modernster Avionik ausstatten, auch zu den führenden Anbietern für Systeme der Gebäudeautomatisierung gehören. In der Verbindung von Management, Organisation, Informationstechnologien, Logistik und Service liegt weiterhin großes Potenzial für effektives Gebäudemanagement.

Wiener Hausbesorger, nachträglich kolorierte Fotografie, 1886

Neues Profil: Der Hausmeister

Je mehr ein Gebäude zur Maschine wird, desto mehr entwickelt sich der Hausmeister zum Maschinisten. Und wird das Haus zur computergesteuerten Maschine, muss sich der Maschinist auch die erforderlichen IT-Kenntnisse aneignen. Das klassische Klischee des meist schlecht gelaunten Mannes, der mit dem Reisigbesen den Hof fegt und im Grundstück für Ordnung sorgt, dieser Schrecken aller Kinder, der Fußbälle verschwinden lässt und dem Lärmen durch überlautes Brüllen Einhalt gebietet, ist eine museale Figur aus Urgroßvaters Tagen. In unseren Tagen erwartet man vom Hausmeister nicht nur, dass er vieles kann, er soll auch möglichst alles wissen. Nicht mehr nur auf seine handwerklichen Talente legt man Wert, sondern auch auf seine Management-Qualitäten.

Hausmeister, Hausbesorger, Concierge

Die neuen Eigentümergesellschaften der Großsiedlungen im Osten Deutschlands haben einem fast ausgestorbenen Berufsstand wieder zu hohem Ansehen verholfen. Dort fiel es besonders auf – hatten sich doch die kommunalen Wohnungsverwaltungen hier hinsichtlich gebäudebezogener Dienstleistungen nicht gerade mit Ruhm bekleckert. Die seit 1990 aufwendig und mit hohem Kostenaufwand sanierten Wohnanlagen sollen in einem guten Zustand gehalten, langer Leerstand so weit wie möglich vermieden werden. Manche Wohnungsgesellschaften lassen „ihren" Hausmeistern weitgehend freie Hand, was die Geschäfte vor Ort betrifft. Sie können sich darauf verlassen, dass qualifizierte und motivierte Hausmeister alles „in Schuss" halten, ebenso wie sich die Mieter darauf verlassen können, dass ihre Probleme innerhalb kürzester Frist gelöst werden. In einigen Wohnhochhäusern hat man mittlerweile Conciergedienste eingerichtet. Allein die ständige Anwesenheit eines Mitarbeiters in der Eingangszone des Gebäudes wirkt qualitätserhaltend.

Concierges sind – dem gängigen Klischee zufolge – immer weiblich, sitzen in ihrer Loge und verbreiten Gerüchte über alle Hausbewohner.

Der (oder die) *Concierge d'immeuble* (dt. Gebäude-Concierge) ist das französische Pendant zum deutschen Hausmeister und zum österreichischen Hausbesorger. Er (oder sie) ist in privaten, gewerblichen oder öffentlichen Objekten für Sauberkeit, Ordnung, Sicherheit und Instandhaltung zuständig.

Das Klischeebild des Concierges, dem man auch in vielen Filmen wiederbegegnet, wurde wesentlich durch den Schriftsteller Eugene Sue (1804–1857) geprägt, der in seinem Roman „Die Geheimnisse von Paris" (1843) das Pariser Großstadtleben – und dabei auch immer wieder das Wirken der (weiblichen) Concierge in Gestalt der Madame Piplet – darstellt.

Ganz anders als der Schriftsteller Eugene Sue charakterisiert der Grafiker und Bildhauer Honoré Daumier (1808–1879) den (bei ihm oft männlichen) Concierge. In Daumiers kritischer Darstellung erscheint er entweder als zeitungslesender Müßiggänger, der seine Arbeit nicht besonders ernst nimmt, oder als hochnäsiger „Funktionär", der sich als bevollmächtigter Vertreter des Hauseigentümers fühlt – und auch so aufführt.

„An Familien mit Kindern vermieten wir nicht!" Concierge in der Darstellung Honoré Daumiers (1808–1879)

Anders als in Deutschland ist in Frankreich das Berufsbild gesetzlich fixiert. Die Concierges sind in einer Gewerkschaft zusammengeschlossen und ihre Arbeits- und Einkommensverhältnisse durch einen Tarifvertrag geregelt. Das würden sich auch die österreichischen Hausbesorger wünschen. Für sie galt bis 30. Juni 2010 das Hausbesorgergesetz, das ihre Rechte und Pflichten, den Kündigungsschutz sowie Fragen der Dienstwohnung regelte. Danach wurde das Hausbesorgergesetz abgeschafft. Doch eine Volksbefragung Anfang 2010 ergab in Wien eine Mehrheit für die Wiedereinführung eines geschützten Berufsstandes „Hausbesorger".

Der Concierge-Service ist mit hohen Personalkosten verbunden. In Wohnanlagen können diese Kosten nicht ohne Weiteres auf die Mieter umgelegt werden. So ist es nicht verwunderlich, dass im Zeitalter der virtuellen Welten auch der elektronische Concierge in die Immobilie einzieht.

„Virtual Anna" – die elektronische Concierge im Hyatt Santa Clara, USA

Wohin führt der Weg?

Dass man von einem modernen Hausmeister nicht nur handwerkliche Fertigkeit und technisches Verständnis verlangt, sondern auch Managementfähigkeiten, bedeutet noch nicht, dass der Hausmeister jetzt kurzerhand zum Facility Manager mutiert. Und hinter einer Stellenausschreibung als Facility Manager verbirgt sich auch nicht, wie oft irrtümlich angenommen, eine Hausmeisterposition. Aber das Know-how des modernen Hausmeisters ist eine der Quellen, aus denen das Facility Management seine Informationen bezieht und ohne die es gleichsam in der Luft hängen würde.

Hausmeister und Haustechniker sind heute als Generalisten mit Problemlösungskompetenz gefragt.

Was bedeutet Facility Management?

Ebenso wie das englische *facility* geht auch das – im Deutschen recht ungebräuchliche – Fremdwort *Fazilität* auf das lateinische *facilitas* = „Leichtigkeit, Gefälligkeit" zurück. Den Stamm bildet das lateinische Verb *facere* = „machen, tun". Und „Machbarkeiten" dieser Art findet man in vielen europäischen Sprachen. Schon lange bevor das englische *facility* als Anglizismus ins Deutsche gelangte, gab es im Französischen *facile* = „leicht (zu tun), machbar", *faciliter* = „erleichtern" und die *facilité* = „Leichtigkeit". Das *facile* kennt man auch im Italienischen. Im Niederländischen hat sich das lateinische Wort als *faciliteit* = „Erleichterung" eingebürgert.

Aber wir wären nicht in Deutschland, wenn es damit allein sein Bewenden haben könnte! Für die formell korrekte Anwendung des Begriffs Facility Management wurde eine eigene Norm – die DIN EN 15221-1 – geschaffen. Sie beschreibt detailliert, was unter dem englischsprachigen Begriff zu verstehen ist und wie Nutzer ihn anzuwenden haben.

1989 wurde in Deutschland die GEFMA (German Facility Management Association) gegründet. Sie versteht sich als Netzwerk der Entscheider dieser Branche und organisiert 700 Mitglieder.

Facility Management oder Gebäudemanagement?

Ist in Deutschland vom Facility Management die Rede, kommt gelegentlich Verwirrung auf. Das hängt mit den unterschiedlichen Definitionen und Interpretationen zusammen, aber auch mit den unterschiedlichen Management-Ansätzen selbst. Oft wird die Verwirrung noch zusätzlich gesteigert, wenn mit dem Begriff die eigentlichen Dienstleistungen – die Facility Services – beschrieben werden. Um Facility Management vom Gebäudemanagement und den traditionellen Formen der Bewirtschaftung von Immobilien abzugrenzen, sollte man festhalten:

Facility Management reguliert Sekundärprozesse und zielt in erster Linie auf den Aspekt von Koordination und Management, weniger auf die gebäudebezogenen Dienstleistungen selbst.

Facility Management wählt eine Perspektive, die über das einzelne Gebäude und seine Nutzung hinausgeht, und bezieht sich auf den gesamten Lebenszyklus eines Gebäudes, während sich das Gebäudemanagement vor allem auf die Nutzungsphase konzentriert.

Facility Management sucht ganzheitliche und umfassende Problemlösungen für die Gebäudebewirtschaftung.

Facility Management gewinnt und verarbeitet gezielt Informationen, um eine verlässliche Handlungsbasis und einen über den gesamten Lebenszyklus einer Immobilie sich erstreckenden Datenfluss zu erlangen.

Was leistet Facility Management?

Die Fachliteratur beschreibt das Facility Management als einen unternehmerischen Prozess, der durch seinen integrativen Ansatz – Planung, Betrieb, Kontrolle und Bewirtschaftung von Gebäuden, Anlagen und Einrichtungen umfassend und die Gestaltung der Arbeitsplätze und der Arbeitsumwelt berücksichtigend – eine verbesserte Nutzungsflexibilität, Arbeitsproduktivität und Kapitalrentabilität zum Ziel hat. Facilities werden – so sieht es jedenfalls der deutsche Dachverband GEFMA – als strategische Ressourcen in den unternehmerischen Gesamtprozess integriert. Zwischen deutscher und amerikanischer Betrachtungsweise dieser unternehmerischen Prozesse gibt es naturgemäß einige Unterschiede. In den USA begannen die Unternehmen weitaus früher als in Europa, ihre Geschäftsimmobilien nicht mehr selbst zu bewirtschaften, sondern professionellen Immobilienunternehmen zu übertragen. In Deutschland hingegen betrachten viele Unternehmen ihre Immobilie als stille Reserve. Immobilieneigentum hat in Deutschland einen hohen, auch sozialpsychologisch aus Inflations- und Weltkriegserfahrung gestützten Stellenwert.

Mittels Facility Management können Unternehmen und Institutionen ihre Liegenschaften einschließlich der Infrastrukturen (wie z. B. Kommunikationsnetzwerke) besser nutzen, die gebäude- und personenbezogenen Dienstleistungen effizienter planen und kontrollieren und die Verwaltung optimieren.

Wann sollte Facility Management beginnen?

Knapper werdende Ressourcen und verengte finanzielle Spielräume legen die Antwort nahe: natürlich so früh wie möglich. Früh bedeutet: in der Planungs- und Entwurfsphase. In der Immobilienwirtschaft geht man davon aus, dass ein Gebäude einen bestimmten Lebenszyklus durchläuft, der sich in mehrere Phasen gliedern lässt. Die German Facility Management Association unterscheidet neun Phasen sozusagen von der Wiege bis zur Bahre: Konzeption – Planung – Errichtung – Beschaffung – Betrieb und Nutzung – Umbau/Umnutzung und Sanierung – Leerstand – Vermarktung – Verwertung und Rückbau. Um frühzeitig einzugreifen, braucht das Facility Management wissenschaftlich fundierte Methoden. Die Fachhochschule Münster beispielsweise suchte für den Lebenszyklus von Gebäuden geeignete Verfahren zu entwickeln, um die Lebenszykluskosten und die Nutzungskosten von Gebäuden zu berechnen. Auch die Bauhaus-Universität Weimar erarbeitete ein Konzept, um mit Blick auf die Immobilienportfolios von Hochschulen und Wissenschaftseinrichtungen die „anstehenden Veränderungsprozesse im Hinblick auf ein lebenszyklusorientiertes Liegenschaftsmanagement zu analysieren, zu strukturieren und wissenschaftlich zu begleiten".

Der Nutzer eines Gebäudes hat in der Regel relativ geringen Einfluss auf die Finanzierungs- und Herstellungskosten. Dafür kann er die Baufolgekosten, die beim Betrieb des Gebäudes entstehen, beeinflussen – und umso mehr, je früher er Einfluss nimmt. Hier setzt das Facility Management als ganzheitliches Konzept an. Ob sich der Bauherr bei einem Bürogebäude für eine energiesparende, dafür aber in der Anschaffung etwas teurere Klimaanlage entscheidet, wirkt sich in den Jahren des Betriebs nachhaltig aus: Energiekosten, die an den Betriebskosten einen ständig steigenden Anteil einnehmen, können so niedrig gehalten werden.

Das Gebäude als Kostenfaktor

Entschließt sich jemand, ein Gebäude zu errichten oder zu erwerben, kostet ihn das mehr als nur einmal Geld. Neben den Anschaffungs- oder Herstellungskosten stehen zunächst die Kosten für das Geld: die Finanzierungskosten. Vor dem Haus aus Steinen wird ein Haus aus Scheinen gebaut. Jeder Bauherr hofft, dass die kalkulierten Kosten beim Bau nicht überschritten werden. Aber damit noch nicht genug. Auch die Benutzung des fertigen Gebäudes ist nicht umsonst zu haben. Die Folgekosten, die beim Betrieb des Gebäudes entstehen, bitten den Nutzer zum dritten Mal zur Kasse. Dabei ist das Verhältnis der Baufolgekosten zu den Baukosten je nach Gebäude- und Nutzungstyp unterschiedlich. Bei einem modernen Bürogebäude ohne Extravaganzen überschreiten die Betriebskosten die Herstellungskosten regelmäßig nach elf bis zwölf Jahren. Bei Hallenbädern oder Krankenhäusern ist das bereits nach vier bis fünf Jahren der Fall. Bei Schulen und Kindergärten betragen die jährlich anfallenden Baufolgekosten über 30 Prozent der Baukosten. Dass Schulen und Kindergärten hier ein so ungünstiges Verhältnis von

Baukosten zu Baufolgekosten aufweisen, liegt vor allem an zwei Faktoren: Zum einen fallen Renovierungs-, Reparatur- und Sanierungskosten relativ häufig an, zum anderen sind die Herstellungskosten bei einem Schulneubau relativ gering, sodass die Kosten des Betriebs hier stärker ins Gewicht fallen als bei einem vergleichsweise teuren Hallenbad. Das bedeutet aber auch, dass der Bau einer Schule oder eines Kindergartens, eines Schwimmbades oder eines Krankenhauses ohne frühzeitige Einbeziehung eines erfahrenen Facility Managers wirtschaftlich eigentlich gar nicht zu verantworten ist.

Schwimmbäder gehören zu den Gebäudetypen, deren Betrieb einen hohen Aufwand erfordert. Die Betriebskosten sind heute infolge der gestiegenen Energiepreise oftmals bedeutend höher, als sie zur Bauzeit kalkuliert werden konnten. Immer mehr Kommunen müssen öffentliche Einrichtungen wie Schwimmbäder, Theater und Bibliotheken aufgrund sinkender Steuereinnahmen und steigender Ausgaben schließen.

Gebäude und Klima

Lüftungs- und Klimatechnik spielt in modernen Gebäuden eine immer wichtigere Rolle. Aber schon unsere steinzeitlichen Vorfahren wählten sich Höhlen als Aufenthaltsort, weil sie nicht nur Schutz vor der Witterung boten, sondern auch winters zu beheizen waren und im Sommer ein angenehm kühles Raumklima boten. Im Palast von Knossos verstand man es schon um 1500 v. Chr., Vorratsräume zu kühlen und das Raumklima zu beeinflussen. König Ludwig II. von Bayern ließ sich eiskaltes Gletscherwasser in sein Schloss Neuschwanstein bringen, um den „belebenden Duft der Kälte“ zu spüren. 1865 bekam das Parlamentsgebäude in London eine funktionierende Klimaanlage: Riesige Ventilatoren bliesen Luft über Eisblöcke und kühlten dadurch die Raumluft, in der wohl allzu hitzige Debatten stattfanden. Auch heute wird die Wasserkühlung genutzt. Mittels Verdunstungskühlung wird beispielsweise im Bundeskanzleramt in Berlin für eine angenehme Raumtemperatur gesorgt. Mit einem Kubikmeter Wasser lassen sich auf diese Weise annähernd

New York – die Stadt, die ihr Klimaproblem löst, indem es ein neues schafft

Lüfter einer Klimaanlage aus den Siebzigerjahren

1000 Quadratmeter Bürofläche kühlen. In den USA entstand 1902 die erste Industrie-Klimaanlage in einer Druckerei in Brooklyn, New York. Seit den Zwanzigerjahren nutzen die Amerikaner Klimaanlagen zunehmend auch für ihre Privathäuser.

Traditionelle, energieaufwendige Klimatechnik löst Probleme, indem sie neue schafft. Irgendwo muss die heiße Luft ja bleiben. Man hat errechnet, dass der Betrieb Hunderttausender Klimaanlagen die Temperatur über New York um annähernd drei Grad erhöht.

Nichtsdestotrotz lassen sich viele Gebäude heute ohne Klima- und Lüftungstechnik nicht mehr betreiben. In Deutschland unterliegen diese Anlagen behördlich vorgeschriebenen Abnahme- und Wiederholungsprüfungen, die beispielsweise nach der Betriebsstätten-, Versammlungsstätten- oder Gaststättenverordnung durchgeführt werden.

Moderne Gebäudeautomation oder Die Sehnsucht nach dem Lichtschalter

Man kann darüber streiten, ob Gebäudeautomation immer ein Segen ist. Die totale Automation weckt bei manchen sogar das Bedürfnis, einfach mal wieder einen Lichtschalter zu bedienen. Es gibt inzwischen Gebäude, in denen man das ohne Hilfe des Computers gar nicht mehr kann. Zu den modernen Bürogebäuden, in denen die Gebäudeautomation bereits weitgehend durchgesetzt ist, gehört zum Beispiel das „STOCKWERK" in Gröbenzell bei München. STOCKWERK verwirklicht die Idee einer Büro-WG, die weit mehr ist als eine konventionelle Bürogemeinschaft. Im STOCKWERK können auch kleinere Unternehmen Büroflächen anmieten – darüber hinaus aber Services nutzen, die gewöhnlich nur Großunternehmen zu bieten haben: Cafeteria, Konferenzräume, Cateringdienste, Getränkeversorgung und vieles anderes mehr, was zu einem übergeordneten Arbeitsumfeld gehört. Intelligentes Energiemanagement sorgt dafür, dass die Mieter nicht von Folgekosten für Heizung und Elektrizität überrollt werden; das Gebäude erfüllt den Niedrigenergie-Standard.

STOCKWERK – die außergewöhnliche Büro-WG in Gröbenzell nutzt ein „automatisiertes Haus", das nach Niedrigenergie-Standard ausgelegt ist.

Hier läuft ganz offensichtlich Facility Management nicht mehr der Immobilie hinterher, sondern geht in die Offensive, wird zu einem Vermarktungsargument für die Immobilie, weil ganzheitliches Denken zu einem Produktivitätsfaktor für alle Nutzer geworden ist. Bei all dieser Außergewöhnlichkeit wundert es nicht, dass im STOCKWERK auch Vernissagen und Konzerte stattfinden und dass im Foyer eines Objekts eine zum Konzertinstrument umgebaute Kirchenorgel ihr neues Domizil gefunden hat. Ganzheitlichkeit muss ja mit der Gebäudebewirtschaftung nicht aufhören. Auch vom Sicherheitskonzept einschließlich Einbruchsmeldeanlagen und Videoüberwachung profitieren letztlich alle. Türen, Fenster und Jalousien können dank elektronischer Steuerung geöffnet, geschlossen und verriegelt werden. Es kostet nur einen Knopfdruck auf der zentralen Schalteinheit, um die Vollautomatik auszuschalten, und man kann wieder Türklinken von Hand betätigen.

Gebäuderecycling?

Werden unsere Städte zu den Bergwerken der Zukunft? Im August 2010 meldete das Nachrichtenmagazin SPIEGEL: „Angesichts der absehbaren Verknappung wichtiger Rohstoffe will die Bundesregierung erfassen lassen, welche wertvollen Metalle und Materialien sich in der deutschen Infrastruktur befinden. Es geht um Zehntausende Tonnen etwa von Kupfer und Stahl, die in Gebäuden oder Brücken verbaut worden sind."

Eine Stadt wie Detroit, die einstige Autometropole der USA, hat in den letzten 60 Jahren etwa die Hälfte ihrer Einwohner verloren – ein Phänomen, das in der Geschichte immer wieder auftritt und das weitreichende Konsequenzen für die Stadtbewohner mit sich bringt. Im Stadtgebiet findet man aufgegebene Areale, verlassene Häuser. 35 Prozent der Stadt stehen leer. Seit den Neunzigerjahren bemüht man sich, diese Stadtareale nach dem Abriss aufgegebener, leer stehender Immobilien zu renaturieren oder durch soziale Projekte wiederzubeleben. Einige dieser Projekte beschäftigen sich mit dem Sammeln und Sortieren aller verwertbaren Materialien, die sich beim Abriss von Gebäuden bergen lassen.

Erzadern in unseren Häusern? Sortierter Schrott, messingverchromt

Englischer Sewer Hunter (Kanaljäger) im 19. Jahrhundert durchsiebt die Londoner Kanalisation nach verwertbaren Resten.

Die Idee des Recyclings ist nicht mehr neu. Neu ist lediglich, dass sich ein Wirtschaftssystem, das sich lange Zeit als Wegwerfgesellschaft verstand, nun allmählich mit dem Problem knapper werdender Ressourcen auseinandersetzen muss. Bereits die Menschen der Steinzeit verwerteten – angesichts der Mühen, welche die Ressourcengewinnung ihnen abverlangte – alles bis zum letzten Span. Denn die meisten, vielfach noch unberührten Ressourcen konnten sie sich noch nicht – oder nur schwer – erschließen. Als Themistokles (um 525–459 v. Chr.) nach dem Perserkrieg 480 v. Chr. die Stadtmauer Athens wiederherstellen ließ, verwendete man Steine aus den zerstörten Tempelanlagen und sogar Grabmäler. Veränderte Prioritäten verlangten veränderte Nutzungskonzepte. Die archäologischen Funde aus der Römerzeit lassen den Schluss zu, dass „recycelte" Tongefäße, Heiz- und Dachziegel unter anderem für Mauern und Wände, Gewölbeteile und Wasserableitungen wiederverwendet wurden.

Wir haben heute ein ganz anderes Problem. Uns fällt es heute relativ leicht, die natürlichen Ressourcen zu erschließen – und zu verschleißen. Wir werden es in absehbarer Zeit mit einer dramatischen Rohstoffverknappung zu tun bekommen. Gleichzeitig wachsen uns die Müllberge buchstäblich über den Kopf, Müllberge, die alles enthalten, was wir der Natur mit großem Aufwand entreißen müssten. Ein Beispiel dazu: Die Gewinnung von Aluminium aus Bauxit ist aufwendig. Erst wird aus dem Mineral Bauxit Aluminiumoxid gewonnen. Daraus gewinnt man dann mittels Schmelzflusselektrolyse das metallische Aluminium. Das Verfahren erfordert einen Energieeinsatz von 13 bis 16 Kilowattstunden pro Kilogramm Aluminium. Für das Umschmelzen von Aluminiumschrott wird hingegen nur ein Bruchteil (5 bis 10 Prozent) der Energie benötigt, die man für den Primärrohstoff brauchte. Und die Energiepreise werden auf absehbare Zeit nicht sinken.

Hier deutet sich für das Facility Management eine Aufgabe an, die derzeit nicht einmal gedanklich wirklich erschlossen ist. Heute gibt es zwar eine Rücknahmepflicht für Hersteller technischer Gebrauchsgüter und elektronischer Geräte, aber noch keine vergleichbare Regelung für Gebäudehersteller. Vielleicht wird man von Architekten und Gebäudebetreibern, die heute gesetzlich zur Energieeffizienz angehalten sind, in Zukunft auch eine Rohstoffbilanz erwarten – ein schlüssiges Konzept, wie das verbaute Material sich im Laufe der Gebäudenutzung verhält und wie es nach Ablauf des Gebäudelebenszyklus wiederverwertet werden kann. Hierzu wäre eine genaue „Buchführung", das heißt eine detaillierte Dokumentation Aufgabe eines künftigen Facility Managements, ohne das eine vernünftige Architekturplanung nicht mehr auskommen kann.

Ca. 1 kg Aluminiumschrott – sein Recycling kann bis zu 95 Prozent der ursprünglich aufgewandten Energie sparen.

Schlüsselbranche Facility Management

Wie werden die Gebäude der Zukunft aussehen? Wie werden sich die energiewirtschaftlichen Vorgaben auf die Gebäudewirtschaft auswirken? Wird die Veränderung unserer Arbeitswelt die Arbeitsplätze verändern, so wie vor 30 Jahren der Siegeszug des Computers die Bürolandschaften verändert hat?

Was die Bewohner jungsteinzeitlicher Pfahlbauten mit improvisierten Reisigbesen leicht selbst erledigen konnten, ist heute ein System komplexer und spezialisierter Dienstleistungen geworden. Der Umgang des Menschen mit dem gebauten Raum hat sich in den letzten 30.000 Jahren ständig verändert. Veränderung – das sagt der Blick in die Geschichte – wird auch das Beständigste in der Zukunft sein. Das Facility Management gestaltet diese Veränderungen mit und gehört heute zu den Schlüsselbranchen der deutschen Wirtschaft. Der FM-Branchenreport für 2010 errechnete eine Bruttowertschöpfung von 112 Milliarden Euro. Über 5 Prozent des erwirtschafteten Bruttoinlandsprodukts wirken sich auch auf die Beschäftigtenzahlen aus. Insgesamt 4 Millionen Beschäftigte stehen auf den „payrolls" von Dienstleistern oder Immobilieneigentümern und -nutzern, die Wertschöpfung erbringen.

Die Mannigfaltigkeit der Berufsbekleidung der Beschäftigten verweist auf die Vielgestaltigkeit der Services, die das moderne Facility Management umfasst.

Für die Zukunft zeichnet sich allerdings ein Mangel an Auszubildenden und Fachkräften ab, der den erwarteten Aufschwung bremsen kann. Schon heute fehlen gesamtwirtschaftlich ca. 400.000 Ingenieure, Meister und gut ausgebildete Facharbeiter. Deutschland muss auf 25 Milliarden Euro verzichten, die diese fehlenden Fachkräfte nicht erwirtschaften können. Hier sind Personaldienstleister gefragt, deren Leistungen sich gerade bei Personalausfall oder Auftragsspitzen nahtlos in das Facility Management eingliedern können.

Ab 1. Mai 2011 sind die letzten Beschränkungen der Arbeitnehmerfreizügigkeit, die es seit 2004 in den „alten" EU-Mitgliedsländern für Arbeitnehmer aus neu beigetretenen Staaten (Estland, Lettland, Litauen, Polen, Slowakei, Slowenien, Tschechien, Ungarn, Zypern und Malta) noch gab, endgültig Geschichte. Da weder Unternehmer noch Gewerkschaften einen Dumpingwettbewerb bei Löhnen und Preisen wünschen, findet die Idee der flächendeckenden Mindestlöhne immer mehr Freunde, auch und gerade in Kreisen von Unternehmern, die Wert auf Qualität und Nachhaltigkeit legen. Branchen wie das Bauhauptgewerbe, Maler und Lackierer oder Gebäudereiniger, in denen bereits Mindestlöhne gelten, haben gute Erfahrungen damit gemacht, alle Beschäftigten branchenweit für ihre Arbeit angemessen zu bezahlen.

Suche nach Profil

Überraschend vielfältig ist die Herkunft der Unternehmen, die Facility Management bzw. Gebäudemanagement anbieten. In Deutschland entwickelte sich dieses Marktsegment nämlich einerseits aus mittelständischen Unternehmen, andererseits durch Ausgliederungen aus Großkonzernen. Anbieter aus sehr unterschiedlichen Branchen – beispielsweise aus der Gebäude- oder Systemtechnik, aus der Energie- und Immobilienwirtschaft und jüngstens aus dem Catering – versuchen ihre jeweilige Einzelkompetenz ins Facility Management einzubringen. Aus den vormals internen FM-Abteilungen großer Konzerne wie der Deutschen Telekom gingen eigene Facility-Management-Unternehmen hervor. Dass schließlich auch große Bauunternehmen wie Bilfinger Berger, Hochtief oder Strabag auf den FM-Geschmack kamen, hat eine gewisse Logik. Wer Gebäude plant und errichtet, sollte auch zum Betreiben dieser Gebäude imstande sein. Außerdem ist die Baubranche immer starken Konjunkturschwankungen ausgesetzt; demgegenüber trägt die Immobilienverwaltung mit ihren langfristigen Verträgen zu einer Glättung saisonaler und zyklischer Schwankungen bei.

Auch wenn alle Anbieter aus ihren „Ursprungsbranchen" ihr spezifisches Know-how mitbringen: Keiner kann alles. Nicht zuletzt deshalb gingen in den letzten Jahren gerade einige international tätige Großkonzerne auf „Einkaufstour". An weiteren Akquisitionen und strategischen Partnerschaften führt für die Anbieter von gebäudebezogenen Dienstleistungen wahrscheinlich kein Weg vorbei.

Übernahmen und Fusionen können aber Kunden auch verunsichern. „Wie bitte", könnte sich der Kunde fragen, „ist mein Dienstleister schon wieder verkauft worden? Bleiben die Ansprechpartner? Kann ich noch mit den gleichen Leistungen rechnen?" Fragen, die von betroffenen Kunden immer wieder auch mit Insourcing beantwortet wurden.

Mittelständisch – und stolz darauf

Wo sich Verunsicherung ausbreitet, wird Vertrauen zum entscheidenden Argument. Die Vertrauensfrage, die jeder Kunde stellt, ist in den meisten Fällen eine Variation des Themas: „Wen lasse ich in mein Haus?" Zwischen den Polen Leistungsfähigkeit und Vertrauenswürdigkeit entsteht das Spannungsfeld, in dem gebäudebezogene Dienstleistungen stattfinden.

Der ganz Kleine und der ganz Große haben es oft schwer, glaubhaft zu machen, dass sie die Komplexität der Aufgabe Facility Management leistungsgerecht und kundennah bewältigen können. Der ganz Große wegen der Anonymität des Apparats, der kein Vertrauensverhältnis zum Kunden generiert, der ganz Kleine, der – bildlich gesprochen – mit der Leiter über der Schulter beim Kunden erscheint, weil ihm möglicherweise die Leistungsfähigkeit fehlt. Mittelständische Unternehmen finden gerade hier ihre Chance, denn sie sind leistungsfähig und arbeiten zugleich dank lokaler Verwurzelung kundennah.

Zu den führenden mittelständischen Facility-Management-Unternehmen gehört in Deutschland die Wackler Holding SE, die heute über 3500 Mitarbeiter beschäftigt, ein Familienunternehmen mit einer über 100-jährigen Tradition.

Zahlreiche Unternehmen, die früher ausschließlich Gebäudereinigung betrieben, gehören heute zu den umsatzstärksten FM-Anbietern, denn sie haben rechtzeitig zusätzliche Dienstleistungen angeboten. Das ist auch nicht verwunderlich, gehört doch die Gebäudereinigung, der sich bundesweit 860.000 gewerbliche Arbeitnehmer widmen, zu den elementaren und kostenintensivsten Leistungen für den Unterhalt eines Gebäudes. Sie schafft zugleich durch die enge Kundennähe eine Vertrauensbasis und generiert die Kenntnisse von den darüber hinausgehenden Bedürfnissen des Kunden.

Perspektiven

Mittelständische Unternehmen, die in der Regel nicht über eigene Immobilienabteilungen verfügen und zu deren Kernkompetenz das Facility Management nicht gehört, werden stärker als bisher auf externe Dienstleister für die Bewirtschaftung ihrer Liegenschaften zurückgreifen, um ihre Kostenstruktur zu optimieren.

Das Qualitätssiegel „Made in Germany" ist und bleibt wesentlich geprägt durch den Mittelstand. Mittelständische Unternehmen sind innovativ und schaffen Arbeitsplätze. Mittelständische Unternehmen konstituieren Branchen und Märkte, die es vorher noch gar nicht gab. War der Weg „vom Tellerwäscher zum Millionär" die Bilderbuchkarriere des Industriezeitalters, bildet der Aufstieg von der

Noch schaffen es die Astronauten auf der ISS selbst, ihre Station in Ordnung zu halten.

Hinterhofwerkstatt oder Studentenbude zum Mittelstandsunternehmen das Erfolgsmuster der beginnenden Informations- und Wissenskultur. Heute verändern oder erweitern erfolgreiche Unternehmen ihre Geschäftsmodelle und investieren in Forschung und Entwicklung. Nachhaltigkeit wird zur zentralen Eigenschaft von führenden Unternehmen. Spätestens seit der globalen Finanz- und Wirtschaftskrise wird jedermann klar, dass ethische Werte ein wichtiger unternehmerischer Erfolgsfaktor sind. Das Leitbild des „ehrbaren Kaufmanns" bekommt in diesen Zeiten eine ganz neue Bedeutung.

Vor 400.000 Jahren legte der Homo erectus ein paar Zweige übereinander und befestigte sie in einer Astgabel. Vor 15.000 Jahren bemalten Eiszeitjäger die Höhlenwände von Altamira mit Tierdarstellungen. 9000 Jahre später entstanden in Mitteleuropa die ersten Pfahlbauten. Vor 4500 Jahren ließen die Pharaonen der 4. Dynastie in Ägypten die Pyramiden von Gizeh errichten. In der Antike schufen die Römer ihre eindrucksvollen Wasserleitungen. Vor 1000 Jahren entstand in Europa ein Netz von Ritterburgen und fest ummauerten Städten. Im 17. Jahrhundert markierte Versailles den Höhepunkt europäischer Schlossbaukunst. Seit die Elektrizität das Gas als Lichtquelle ablöste und die erste funktionsfähige Klimaanlage entstand, sind kaum 100 Jahre vergangen. Rund vier Jahrzehnte lang gibt es Facility Management. In den letzten 20 Jahren hat es auch in Deutschland die Sicht auf Liegenschaften und auf die Gebäudewirtschaft verändert. Das sind unbestreitbare Tatsachen, aber keine vollendeten Tatsachen. Facility Management begründet ein qualitativ neues Verhältnis zum Gebäude. Damit wird eine Entwicklung in Gang gesetzt, deren Konsequenzen und Perspektiven heute noch gar nicht abzusehen sind. Eine Entwicklung, die sich letztlich wie vor 400.000 Jahren um die entscheidende Frage dreht: Wie halte ich mein Haus in Ordnung? Es bleibt spannend.

Die Autoren

Peter Blenke, geb. 10.10.1959 in München, Jurist und Betriebswirt, ist seit 2004 als Geschäftsführer bei der Wackler Group tätig und seit 2008 Vorstand/CEO der Wackler Holding SE.

Thomas Wieke, geb. 17.01.1956 in Erfurt, Redakteur und Sachbuchautor, schrieb neben zahlreichen Büchern zur Berufspraxis und zur Kulturgeschichte auch Werke zur Technik- und zur Sozialgeschichte.

Danksagung

Ich danke allen meinen Kolleginnen und Kollegen aus den Unternehmen der Wackler Group:

WACKLER Holding SE · WACKLER Service Group · WACKLER Facility Management · WACKLER Security · WACKLER Personal - Service

Insbesondere danke ich meiner Assistentin Elvira Stern sowie Bernd Albrecht, Jürgen Bühler, Willi Fottner, Wolfgang Görg, Günter Hagn, Renate Haunschmid, Alexander Keil, Michael Kujawa und Florian Wackler für die tagtägliche Unterstützung, unsere Ziele zu erreichen. Ganz besonders möchte ich mich auch bei Heike Röse-Pippig für ihre Mithilfe bedanken.

Peter Blenke

Weitere Literatur zum Thema Gebäudemanagement:

Kaiser, Köche, Caterer
Kulinarische Gastlichkeit von der Antike bis heute

Von Peter Blenke und Thomas Wieke
Niedernhausen: Mosaik, 2001
ISBN: 978-3-5761-1629-0

Götter, Helden, Heinzelmännchen
Ein Streifzug durch die Geschichte der Sauberkeit und Hygiene . . .

Von Peter Blenke und Ulrike Schuster
Limburg/Lahn: JUNGsVerlag, 2005
ISBN: 978-3-938925-20-1

Literatur Quellennachweis:

- Benevolo, Leonardo: Die Geschichte der Stadt, Frankfurt 1983
- Bleiber, Waltraut: Das Frankenreich der Merowinger, Berlin 1988
- Blenke, Peter/Schuster, Ulrike: Götter, Helden, Heinzelmännchen. Ein Streifzug durch die Geschichte der Sauberkeit und Hygiene von der Antike bis zur Gegenwart, Limburg 2005
- Blenke, Peter/Wieke, Thomas: Kaiser, Köche, Caterer. Kulinarische Gastlichkeit von der Antike bis heute, Niedernhausen 2001
- Borst, Arno: Lebensformen im Mittelalter, Frankfurt 1973
- Borst, Otto: Alltagsleben im Mittelalter, Frankfurt 1983
- Braunfels, Wolfgang: Abendländische Stadtbaukunst, Köln 1976
- Burr, Wolfgang: Markt- und Unternehmensstrukturen bei technischen Dienstleistungen, Wiesbaden 2003
- Der Facility Manager (Zeitschrift), Merching
- Elias, Norbert: Die höfische Gesellschaft, Frankfurt 1983
- Elias, Norbert: Über den Prozeß der Zivilisation (2 Bde.), Frankfurt 1976
- Facility Management (Zeitschrift), Gütersloh
- Fuhrmann, Bernd u. a.: Geschichte des Wohnens. Vom Mittelalter bis heute, Darmstadt 2008
- Geist, Johann Friedrich/Kürvers, Klaus: Das Berliner Mietshaus. 1862–1945, München 1984
- Gurlitt, Cornelius: Im Bürgerhause, Dresden 1888
- Haarmann, Harald: Universalgeschichte der Schrift, Frankfurt 1991
- Hannemann, Christine: Die Platte: Industrialisierter Wohnungsbau in der DDR, Berlin 2005
- Hirdina, Heinz (Hg.): Neues Bauen – neues Gestalten. DAS NEUE FRANKFURT/die neue stadt. Eine Zeitschrift zwischen 1926 und 1933, Dresden 1984
- Horsfield, Margaret: Der letzte Dreck. Von den Freuden der Hausarbeit, Berlin 1999
- Hüter, Karl-Heinz: Architektur in Berlin 1900–1933, Dresden 1987
- Jäckel, Günter (Hg.): Dresden zwischen Wiener Kongress und Maiaufstand. Die Elbestadt von 1815 bis 1850, Berlin 1989
- Jacobs, Jane: Tod und Leben großer amerikanischer Städte, Berlin-Frankfurt/M.-Wien, 1963
- Jansen, Michael: Die Indus-Zivilisation. Wiederentdeckung einer frühen Hochkultur, Köln 1986
- Kamp, Anne von: Adelsleben im bürgerlichen Zeitalter. Die Freiherren von Erffa im 19. und frühen 20. Jahrhundert, Würzburg 2010
- Kehnscherper, Günther: Kreta – Mykene – Santorin, Leipzig, Jena, Berlin, 1973
- Keller, Siegbert: Baukostenplanung für Architekten, Wiesbaden 1995
- Kühnel, Harry (Hg.): Alltag im Spätmittelalter, Graz 1984
- Kunst, Christiane: Leben und Wohnen in der römischen Stadt, Darmstadt 2006
- Laasch, Thomas/Laasch, Erhard: Haustechnik. Grundlagen – Planung – Ausführung, Wiesbaden 2009
- Lochmann, Hans-Dieter/Köllgen, Rainer (Hg.): Facility Management. Strategisches Immobilienmanagement in der Praxis, Wiesbaden 1998
- Nävy, Jens: Facility Management. Grundlagen, Computerunterstützung, Systemführung, Anwendungsbeispiele, Berlin 2006
- Orland, Barbara (Red.): Haushaltsträume. Ein Jahrhundert Technisierung und Rationalisierung im Haushalt, Königstein im Taunus, 1990
- Palladio, Andrea: Die vier Bücher zur Architektur. Nach der Ausgabe Venedig 1570, Darmstadt 1991
- Pfleghardt, A.: Die Elektrizität als Rechtsobjekt, Strassburg 1901–1902
- Prümer, Bernd: Brandschutz in der Gebäudetechnik, Wiesbaden 2009
- Selle, Gert: Die eigenen vier Wände. Zur verborgenen Geschichte des Wohnens, Frankfurt, 1993
- Seumer, Markus: Vom Reinigungsgewerbe zum Gebäudereiniger-Handwerk. Die Entwicklung der gewerblichen Gebäudereinigung in Deutschland (1878 bis 1990), Stuttgart, 1998
- Stave, John: Stube und Küche. Erlebtes und Erlesenes, Berlin 1987
- Thüry, Günther E.: Müll und Marmorsäulen. Siedlungshygiene in der römischen Antike, Mainz 2001
- Viering, Markus G. (Hg.): Managementleistungen im Lebenszyklus von Immobilien, Wiesbaden 2007
- Weeber, Karl-Wilhelm: Luxus im alten Rom. Die öffentliche Pracht, Darmstadt 2006

Nachweis der Bildquellen:

Archiv AntiquaNova: 68 unten, 95 oben rechts, 95 unten
Archiv für Kunst und Geschichte: 18, 43
Archiv Peter Blenke: 87, 88 oben
Bildarchiv Preußischer Kulturbesitz: 60, 72 (Gerhard Kiesling), 82 (Hanns Hubmann)
Creative Commons Lizenz: 8 (ramessos), 9 (chris 73), 10 (Jan Vermeer), 13 oben (Veleius), 13 unten (H. J. Wagner), 14 (Andreas F. Borchert), 15 (Einsamer Schütze), 16 (Erkcan), 17 (Luis Villa del Campo), 19 oben und unten (bennylin0724), 20 (Ricardo Liberato), 21 (David Holt), 22 (Rita Willaert), 23 (corvax), 25 (cjh1452000), 26 oben (Manuel González Olaechea y Franco), 26 unten (Fubar Obfusco), 27 (Costas Tavernarakis), 28 (S J Pinkney), 29 (Marie-Lan Nguyen), 31, 32 (J. Patrick Fischer), 33, 34 (Veleius), 36 oben (Lasius), 36 unten, 37 (Meister des Frankfurter Paradiesgärtleins), 39 oben, 39 unten (Deutsche Bundesbank), 40 oben (Michael Sander), 40 unten, 41 (e. coli), 44 (HarshLight), 45 oben (Pierre-Denis Martin), 45 unten (Ted Drake), 46 oben (Abraham Bosse), 46 unten (Carlo Maratta), 47 (suvodeb), 48 (JH Mora), 49 (Doris Anthony), 50 und 51 (Pieter de Hooch), 52, 53 (Abel Grimmer), 54, 55, 56 (realname), 58 (Stahlkocher), 62, 64 (shaqespeare), 65 (A. Fiedler), 66 (Michael Sander), 69 (Michael Sander), 71 (David Pachali), 73 (www.kreuzfahrt-seeurlaub.de), 75 oben, 75 unten rechts (acp), 77 unten (Carl Schindler), 78 (Kirill W. Lemoch), 79 (Carl-Theodor Reiffenstein), 80 oben, 83 unten (cote), 88 unten (Jason Turner), 90 oben, 90 unten (Ralph Aichinger)
Fotolia: 2 (Paul Paladin), 42 (Asonne30), 77 oben (henryart)
Claus Graubner: 74
NASA: 94
pixelio.de: 11 (Marco Barnebeck), 24 (Rike), 30 (Thomas Max Müller), 38 (Bildpixel), 57 (Peter Schütz), 68 oben (bardewyk.com), 89 unten (Stihl024)
Stockwerk: 89 oben
Ullsteinbild: 55 (Granger Collection), 63 (Schraps), 81 (Otto Schmidt), 83 oben (Granger Collection)
Wackler Service Group: 4, 59, 67, 75 unten links, 76, 80 unten, 84, 91, 95 oben links

Bilder auf dem Bucheinband:
Vorderseite oben: Paul Paladin, Fotolia;
Vorderseite unten: Jürgen Humbert, Fotolia;
Rückseite: SergeyAK, Fotolia

ISBN 978-3-938925-40-9

Gesamtproduktion:
JUNG MEDIENPARTNER GmbH, Limburg/Lahn

Printed in the European Union